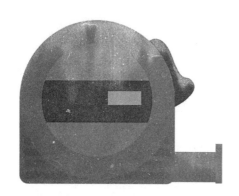

测绘技术
与土地资源规划

苏永奇　石嵩云　高辰晶◎著

U0304585

吉林科学技术出版社

图书在版编目（CIP）数据

测绘技术与土地资源规划 / 苏永奇, 石嵩云, 高辰晶著. -- 长春 : 吉林科学技术出版社, 2022.11
ISBN 978-7-5578-9952-3

Ⅰ.①测… Ⅱ.①苏… ②石… ③高… Ⅲ.①测绘学②土地资源－土地规划 Ⅳ.①P2②F301.23

中国版本图书馆CIP数据核字(2022)第207175号

测绘技术与土地资源规划

著	苏永奇　石嵩云　高辰晶
出 版 人	宛　霞
责任编辑	李海燕
封面设计	姜乐瑶
制　　版	长春美印图文设计有限公司
幅面尺寸	185mm×260mm　1/16
字　　数	100 千字
页　　数	120
印　　张	7.5
印　　数	1–1500 册
版　　次	2022 年 11 月第 1 版
印　　次	2023 年 3 月第 1 次印刷

出　　版	吉林科学技术出版社
发　　行	吉林科学技术出版社
地　　址	长春市净月区福祉大路 5788 号
邮　　编	130118
发行电话 / 传真	0431-81629529　81629530　81629531
	81629532　81629533　81629534
储运部电话	0431-86059116
编辑部电话	0431-81629518
印　　刷	三河市嵩川印刷有限公司

书　　号	ISBN　978-7-5578-9952-3
定　　价	75.00 元

前　言

不管是工程建设施工还是城市规划发展，都离不开测绘技术。测绘，看似陌生的一个名词，实际上与我们的日常生活息息相关。从道路到桥梁，从陆地到海洋，从居住到生活日常，无一不与测绘联系紧密。测绘对于人民生活及国家工程的发展进步起着至关重要的作用，是推动国家工业发展进步和提高人们生活水平的动力之一。

测绘技术是一项基础性工作，小到房屋建设、行程导航，大到地震监测、环境监测、卫星发射等，都少不了测绘。可以说，测绘在我国的科技与经济发展中发挥着非常重要的作用。在城市规划中，通过对整个城乡的基本空间、地理状况进行地形测量，将不同比例尺的地形图数据提供给规划和设计单位进行合理的决策，从而提高测绘技术的科学性和实用性，促进城乡建设的快速、稳定发展。在地理信息系统的数据库建库过程中，测绘工作又为专业信息系统提供及时、标准、准确、数字化的基础空间数据，实现了对地理信息系统管理的标准化、信息化与科学化，使其应用于各个领域的基础平台以及地学空间的信息显示中，为空间预测、预报和决策提供辅助的数据信息。

土地资源规划方法是对一定范围内的土地资源进行正确、合理的安排和规划设计的方法。土地资源规划着眼于全国或一个地区、一个流域范围的土地资源的合理利用。其做法是在对土地资源进行全面清查的基础上，划分各种土地类型，进行综合评价；根据国家经济发展需要，合理地组织土地利用，配置及确定工业、农业、水利、文化、教育、卫生等各部门、企业间的用地范围和规划设计，又称总体规划。其任务是建立与农业生态平衡和生产发展相适应的合理用地结构，以及建立与现代化大农业相适应的土地组织形式。规划内容包括农、林、牧、渔及工副业生产用地的配置、灌溉排水渠系、农田防护林带、田间道路和耕作田区的布置以及居民点的设置等。土地是最重要的自然资源，合理地规划、利用土地，不断提高其农业生产水平，对实现农业现代化和发展国民经济有着重要的意义。

随着我国经济的不断发展，城镇化进程不断加快，对我国土地资源规划的效率提出了更高的要求。为了更好地做好现阶段的土地资源规划工作，进一步提高土地的利用效率，测绘技术被广泛运用在土地资源规划工作中。测绘技术在土地资源规划中的运用对目前逐渐减少的土地资源面积利用有着重要的意义。

鉴于此，笔者撰写了《测绘技术与土地资源规划》一书。本书共六章。第一章阐述了测绘学科与我国信息化测绘体系；第二章对测绘技术进行了探究；第三章论述了土地资源及其规划；第四章阐释了土地利用总体规划；第五章对土地利用的专项规划进行了探究；第六章探究了测绘技术在土地资源利用与规划中的应用。

笔者在撰写本书的过程中，借鉴了许多专家和学者的研究成果，在此表示衷心感谢。本书涉及的内容十分宽泛，尽管笔者在写作过程中力求完美，但仍难免存在疏漏，恳请各位读者批评指正。

目 录

第一章　测绘学科与我国信息化测绘体系

第一节　测绘学科的起源及历史沿革

一、测绘学的现代概念和内涵

现代测绘学主要是对地理空间资料的收集、整理、研究、管理、保存与显示的总体研究。这种空间资料主要来自地球卫星、空载与船载的传感器和地面上的各类检测设备，并利用现代信息处理等科学技术，通过现代互联网的硬件与软件对这些空间资料加以管理与应用，为适应现代社会对空间资源利用的巨大需要建立的一种比较全面综合的学术框架。更确切地说，它明确了测绘专业在现代信息技术发展中的重要意义。而以前不同专业的测绘领域间的界线，由于现代电子计算机和通信等科学技术的发展而趋于模糊，某一或若干测绘分支领域，已经无法适应现代经济社会发展对地理空间信息的要求，相互之间也越来越紧密地连接在一起，并逐渐与历史、地理和管理学等其他学科知识相结合，形成测绘学的现代概念，即研究地球和其他实体与时空分布有关的信息采集、量测、处理、显示、管理和利用的科学与技术。测绘学科的现代发展使测绘学中产生了一些新兴专业，例如卫星大地测绘（或空间大地测绘）、遥感测绘（或航天测绘）、地理信息工程等等。

中国测绘领域经历了三个阶段的发展演变，即模拟测绘（或称传统测绘）、数字化测绘、信息化测绘，中国现在正处于数字化测绘和信息化测绘技术蓬勃发展的新时期。20世纪80年代是中国传统测绘体制的转型时期，90年代是现代数字化测绘技术系统的建立时期，21世纪初期则是以传统图片制作为主向现代地理信息提供为主的过渡时期，即数字化测绘技术蓬勃发展的新时期。现代数字化测绘技术系统是在对地探测技术、计算机信息化技术，以及现代通信技术支持下的涉及地理空间数据的收集、整理、控制、发布、获取与使用等的各种信息技术的综合。从专业的角度讲，测绘学正完成与近年来在国内崛起的一个新兴学科——地球空间信息学的超越和整合。

二、测绘学科的起源

测绘科学与技术（简称测绘学）是一个有着漫长历史与现代进展的学科领域，其内涵主要包括测定、描述地球的形状、大小、重力场、地表形态及其各种变化规律，包括判断天然与人造物质、人造设备的空间情况和性质，并制作各类地图及其建设相关的网络系统。《中华人民共和国测绘法》将测绘工作描述为"对自然地理要素或者地表人造基础设施的形态、尺寸、空间位置及其性质等加以测量、收集、描述并且对取得的资料、情报、成果加以处理和提供的活动"。

测绘学古老而年轻，说它很古老，因为测量科学技术是由人们在漫长的生产实践过程中，逐渐发展出来的。是人们同自然界做斗争的一种手段；说其年轻，是科学技术的发展对测绘学科的影响而形成了现代测绘科学。测绘学的历史源远流长，当我们打开人类文明的历史画卷时，我们的祖先在测绘学方面所表现出来的智慧让我们惊叹，古今中外，概莫能外。

早在公元前27世纪的古埃及所建筑的大金字塔，其造型和位置就十分精确，表明当时有这样的设备和技术。公元前14世纪，在幼发拉底河–尼罗河流域，曾进行过土地边界的测定。中国早在三千多年前的夏商时期，为治水就进行过实际的勘测工作，因此历史学家司马迁在《史记》中对夏禹治水曾有过如下的记述："陆行乘车，水行乘船，泥行乘橇，山行乘撵，左准绳，右规矩，载四时，以开九州，通九道，陂九泽，度九山。"其中"准"是古代用的水准器；"绳"是一种测量距离、引画直线和定平用的工具，是最早的长度度量及定平工具之一；"规"是校正圆形的工具；"矩"是古代画方形的用具，也就是曲尺。这里所记录的就是当时勘测的情景。在山东嘉祥县汉代武梁祠石室造像中，有拿着"矩"的伏羲和拿着"规"的女娲画像，说明我国在西汉以前，"规"和"矩"是使用很普遍的测量仪器。早期的水利工程多为对河道的疏导，以利防洪和灌溉，其主要的测量工作是确定水位和堤坝的高度。

秦代李冰父子开凿的都江堰水利枢纽工程，用一个石人来标定水位。当水位超过石人的肩时，预示下游将受到洪水的威胁；当水位低于石人的脚背时，预示下游将出现干旱。这种标定水位的办法，如同现今的水尺，是我国水利工程测量发展的标志。北宋科学家沈括的800多里水准测绘。1973年长沙马王堆汉墓出土的三幅帛地图（地形图、驻军图和城邑图），是轰动世界的惊人发现，是目前世界上发现最早的古代地图，无论是从地图的内容、精度，还是其艺术水平，都是罕见的，表明了我国在两千多年前的汉代，地图制图学就已有了蓬勃的发展。

中国的地籍建设最早发生于原始社会瓦解、奴隶社会形成的历史阶段。那时，耕地已经成为私有财产，从而形成了研究和计算耕地规模的需要。从秦、汉以至唐代，将人口、耕地和税收等都记录在一起，以户口记录为主。到了明清两代，政府对全县耕地实行了大清查，并编写了大量鱼鳞图卷，与现今的地籍调查和地籍测绘非常相似。

矿山测绘是测绘学科发展的又一成就。在国外，发掘并保留了不少中国古代的矿山勘测成果，如公元前15世纪的中国金矿巷道图，公元前13世纪古埃及人按比例缩小的巷道图以及公元前1世纪古希腊的格罗·亚里山德里斯基关于地下测绘技术与定向方法的阐述等。1556年，德国人格·阿格里柯拉发表过《采矿与冶金》一书，其中特意讨论了用罗盘勘测井下矿山巷道情况，并解决了在矿山活动中出现的一系列几何难题。中国的采矿业也是世界上开发最早的国家，从公元前两千余年的黄帝时期人们就已开始使用金属材料（如铜等）。我国到了周代金属工具已经广泛使用，说明当时采矿业已很发达。据《周礼》载，我国在周代就建立了专业的开采机构，同时在采矿中也注意矿体形态，并利用矿产地质图来区分矿物的位置，这说明当时我国的矿山测绘已经有相当高的技术。

战争也推动了测绘学的发展。如战国时修筑的午道，公元前210年秦始皇时修筑的"堑山堙谷，千八百里"的直道，古罗马建筑的兵道，乃至公元前218年欧洲人修筑的通向意大利的"汉尼拔通道"等，都是举世闻名的军事工程，在修筑时都必须使用测量方法进行地质测量、定线和隧道计算。此外还有一个代表中华民族的重要标志——万里长城，修筑于秦汉时代，面对着这种数量如此庞大的军事防护工程，从总体布置到建设，都一定要做好细致的勘测计算工作。

三、测绘学科的历史沿革

测绘作为一个专业领域，17世纪初期就开始逐渐发展起来的。当时，千里眼技术开始广泛应用于所有测量工具，1617年三角测量技术开始广泛使用。1883年法国人完成了弧度测定，表明整个地球为二极微扁的正椭球体。此后，在测绘领域无论从测绘理论、测绘方法还是测绘技术等领域均有了许多创造发明，如德国人高斯就在1794年创立了最小单位二加减法学说，后来又发明了横圆柱投影理论，这种学说在被后人发展完善后使用至今。1890年照相测量的基础研究工作得到了开展，再加上1903年飞机的发明，进一步推动了航空摄影测绘学的发展，也使部分测图人员从野外迁移到室内，不仅降低了劳动强度，而且提高了生产效率。

20世纪，科技取得了迅速发展，尤其是电子学、信息学、计算机科学技术和空间科学的发展，促进了测绘方法、设备的革新与提高。20世纪40年代，自动安平水准仪的出现，标志着测绘作业智能化的开始。近年来，数字水平标尺的出现，也使传统测绘中的自动记录、自动发送、保存和管理的信息变为现实。1947年，光波测距仪的出现，以及20世纪60年代把激光器当作照明光源进行了电磁波测距作业，使长期以来发展艰难的实时测距作业出现了实质性的变革，彻底改变了传统观测作业中依靠测角换算时间的局面，使实时测距作业朝着更加智能化方向发展。如今，测距仪已普遍应用于测绘生产，而且向长测程、高精度、小体积方向发展。测角仪器的发展也十分迅速，伴随着电子信息技术、微处理器等的应用，坡度尺已实现了电子度盘的电子读数，并可自行读取、自动记录，从而实现了智能化观察角的发展。而电子经纬仪和检距仪融合，所产生的电子速测仪（全站仪），容积小、产品质量低、功能全、智能化程度高。智能全站仪的测绘，连瞄准目标都是自动化的。在20世纪70年代，人们除利用各种飞机的航空摄影测绘设备测绘地形图之外，还利用史波尼克拍摄地面的图像，观察自然事件的演变，以及通过遥感技术测绘距离地图。随着计算机技术的发展，利用数码照相检测设备开展照相检测项目，不仅使照相检测的结果更为稳定、可信，而且智能化水平得到了提高。从20世纪80年代，人们利用卫星直接实现对空间位置的三维定位，带来了测绘技术的重大变革。也因为卫星定位系统的全球、全天候、迅速、准确并且无须设置高目标等特性，被应用于大地测量、工程测量、地质测量以至军队和民间的导航、定位等系统中，开创了测绘科学技术的新时代。20世纪90年代开始，由于计量准确度和检测智能化水平的进一步提高，计量的方法与手段也在重大机械设备安装、航空航天制造业和车辆、舰船制造业中获得了普遍的运用，产生了工程计量研究领域。大规模施工建筑物的建设，使安全检测、变形分析与预警成为测绘专业科研的又一重点方向。随着人类科技日益向宏观宇宙和微观粒子世界拓展，观测的对象也必将向地下、水体、空气和宇宙中深入。

生产的需求永远是促进一切科学技术进展的基础，测绘学也不例外。测绘学的历史沿革走过了一个从单纯到复杂、从手工操作到测量产品的自动化、从一般精度到精密计量的演进路线，其历史始终与生产力演进相同步，而且可以适应人类在工程上对计量的需求。

第二节　现代测绘科学的形成与发展趋势

一、现代测绘科学的形成

电子技术、电子计算机、卫星定位系统科学技术的进展，促成了现代测量科学技术的产生。现代测绘科学的特点体现在测绘仪器的发展和测绘理论的发展两个方面。

测量仪器设备的发展也不胜枚举，此处只列举20世纪以来对测量仪器及设备发展影响较大的几个方面。首先是电子信息技术和计算机科学，其次是激光技术、月球定位与测量技术、空间遥感科技、计算机辅助设计（CAD）科技、地方网络（GIS）科学、数据库系统科技、统计科技、无线电通信科技、网络技术等。其间，产生了涉及光电子仪器、电子经纬仪、全台仪、各类激光测量仪表、数字水准尺、全球型卫星定位与检测装置、机助制图系统等现代测量仪器设备的设计和生产活动。正是由于这种现代仪器的发展，使古老的测绘学科发生了深刻的变革。

测量基础理论的进展主要反映在三个领域：①测量平差技术的进展；②测量网优化的思想与技术；③变形计算数据处理技术。

从20世纪六七十年代人们开始研究控制网优化设计，到20世纪80年代研究进入高潮。目前，控制网络的改善工程设计方式一般有分析法和仿真法两类。分析法是指按照优化设计理论建立目标函数和限制条件，并解决计算目标函数的最大值或极小值。通常把网的品质要求看作目标函数或约束条件。网的质量指标一般有精确度、稳定性和损耗等，对变形监测网还涉及网的敏感性或可分辨性能。仿真方法是，通过依据工程设计材料和地图技术数据在图上选点布网，获得站点的接近位置，通过仪表设定观测值准确度，再仿真实际观察数值，从而计算网的各项质量指标，如精确度、稳定性、敏感度等。

变形监测的数据处理理论主要包括：基于变形监测数据处理，建立变形及影响因子间的建模关联、变形几何解析及物理求解、变形预测。变形分析和预测传统的方法多使用回归分析的方式，之后也有灰色系统理论、时间序列分析理论、傅里叶变换方法、人工神经网络方法等。特别需要指出的是，体制学方法作为变形观测的方法也已被人们所关注与重视，因为体制学理论中包含了很多非线性研究的东西，包括了体系论、控制理论、信息论、突变论、协同理论、分形理论、混沌理论、耗散结构等。

二、现代测绘科学的发展趋势

随着传统测量技术趋向先进和信息化，现代测量的服务范围日益扩大，与其他学科的互相渗入与互补也日益增强，新技术、新方法的引入与运用也越来越广泛。而现代测量技术总体的发展趋势是：测量信息收集与管理逐步向一体化、信息化、数字化等方面演变。计量设备的工艺设计向精密、自动化、高智能、信息化等方向演变，而计量服务则向多样化、网络化、社会化等方面演变。体现在如下几个方面。

（一）测（成）图数字化

地形图的测绘是测量的重要内容和任务之一。在工程建设规模增加、城市化快速发展和对土地利用、地籍测量的迫切需求下，都希望缩短成图周期和实现成图智能化。

数据成图首先是测图过程，是野外信息收集、数据处理和绘制的可视化过程，整套控制系统是一种数据信息流，并且是双向进行的，是全站式仪表、卫星定位设备、计算机和数控绘图仪。数字成图的广义范畴除检图方面以外，还包含可以形成多个专业应用的数字化图件，实际上是一种组合式的软件系统，分为检图系统软件和工程应用软件两个部分，前者主要是获得原始地形资料，后者可以生成彩色或单色的各种图件，如地形图、等高线图、带状平面图、立体透视图、纵横断面图、剖面图、地籍图、竣工图、地下管网图等，还可以进行工程量计算，如计算模型面积、体积及填挖方量等，并可进行土地规划及工程设计。

（二）工业测量系统

现代工业设计需要对产品的生产自动化过程、产品过程管理、生产质量检验和控制等项目，实现迅速、精确的测点标定，从而提供工件及复杂形体的三维数学模型，这是常规的光学、机械及工业测量方法所不能实现的，所以测绘学科的工业测量系统应运而生。工业生产检测控制系统，是指以电子经纬仪、全站仪、数码相机等为感应器，在电脑监控下，实现对工作物的非接触式即时三维位置检测，并在当场实施对检测数据的加工、分析与管理的控制系统。目前的工业测量系统主要有：经纬仪测量系统、全站仪极坐标测定系统、激光跟踪测量系统和数码摄影测量系统等。与传统的工业生产测量方法相比，现代工业测量系统在现场化、非接触式、高机动性以及与CAD/CAM衔接等方面有着明显的优势，因此在工业界得到了广泛的应用。由于电子经纬仪有向高精密和智能化方面的发展趋势，以及激光干涉检测技术和数码图像检测技术的广泛应用，产生了一系列商用的新型工业三维位置检测设备，并分别在航空航天、汽车工业生产、船舶制造工业生产、能源工业、机械工业以及核工业等领域和单位中进行了广泛的普及与使用。

（三）施工测量自动化和智能化

施工测量时的工作压力大，且现场情况复杂，所以施工测量的自动化、智能化是人们期盼已久的目标。由GPS和智能全站仪所组成的自动检测设备和管理系统，在建筑检测智能化方面走出了可喜的一大步。例如，由中国自主研制的利用多台自动目标照准全站仪测量设备组成的顶管工程自动引导检测与控制系统，已在中国地下顶管工程建设中起到了重要的作用。该控制系统使用了四台自动目标照准式全站仪，在电脑的监控下按自动导线测量方法，可以即时测量机头的位移并与设计位置加以对比，以便在不影响顶管施工的情况下，实时地指导机头进入准确的设计位置。

（四）工程测量仪器和专用仪器向自动化方向发展

精密角度测量设备，已经发展了以光电观测角度取代光学传感测角度。利用光电观测角度，可以进行信息的主动收集、改正、读取、保存和传送。但测角准确度和传统光学仪器相比仍有超越。如T2000、T3000电子经纬仪利用动态的原理，观测角精度达0.5″。电动机驱动的电子经纬仪的目标自动识别系统可以完成对物体的自动照准。

精密工程装置、放样仪以及全站型的电子速测仪进展得较为快速。电子全站仪不但具备观察角和电子测距的功能，还同时具备了自动记录、储存和计算等能力，因此具有很大的作业效能。目前最新的全能型全站仪系统，在完备的硬件要求下，还包括了大量的应用软件，可以完成地面控制观测、施工放样和大规模性碎部观测的一体化，同时还具有菜单提示和人机交互操作功能。

精密距离测量仪器的精度及自动化程度越来越高。干涉法测距精度很高，例如，欧洲核电中心（CERN）在美国HP5526A激光干涉仪上，设计了有伺服回路控制的自准直反射器系统，施测60m以内距离误差小于0.01mm；瑞士与英国联合生产的ME5000电磁波测距仪，采用He-Ne红色激光束，单镜测程达5km，精度为±0.2mm+（0.2~0.1）×10^{-6}D。

高精度定向仪，如陀螺经纬仪在自动检测技术方面也有了很大提高。通过电子计数技术，将定向准确度由±20″提高到±4″。新型陀螺经纬仪采用了微处理器控制技术，能够自主调整陀螺经纬仪的摆，同时可以补偿外界扰动，从而使得定向时间更加短、精确，比如由意大利制造的Gyromat2000陀螺经纬仪，仅需要9min观测时间便可达到±3″的精确度。目前陀螺经纬仪技术正朝更精确的激光可见领域拓展。

精密高程测量仪器，采用数字水准仪实现了高程测量的自动化。例如，Leica、Topcon等全自动数字式水准仪和条码水准标尺，利用图像匹配原理实现自动读取视线高和距离，测量精度最高可达每公里往返测高差均值的标准差为0.2mm，测量速度比常规水准测量快30%。德国REN002A记录式精密补偿器水准仪和Telamat激光扫平仪实现了几何水准测量的自动安平、自动读数和记录、自动检核，为高程测量和放样提供了极大的方便。

用于应变测量、准直测量和倾斜测量等的专用仪器。应变测量仪器有直接使用的各种传感器，以及用机械法和激光干涉法的精密测量应变的仪器，如欧洲核子中心研制的Distinvar是精密机械法测距的装置，精度达0.05mm。激光干涉仪测量精度达10^{-7}以上。可用于直接变形测量，还可检核其他仪器。用于地面或高大建筑物倾斜测量的倾斜仪，一类是根据"长基线"做成的静力水准仪，精度高达0.001″。另一类采用垂直摆或水平气泡作为参考线，通过机械法或电学法测量倾斜，精度为0.01″。遥测倾斜仪，用于监测滑坡、地面沉陷、地壳形变等方面。波带板激光准直系统，其精度在大气中为10^{-4}~10^{-3}，在真空中可达10^{-7}，已成功地用于精密轨道安装和加速器磁块的定位、大坝变形观测等。

（五）特种精密工程测量

为确保各类重大建设项目的顺利完成，必须开展特种精密工程测量。特种精密工程测量的主要优点，是将现代大地测量学与计量学技术组合起来，并采用了精确测定的计算方法，达到10^{-6}以上的相对精度。

大规模的精密工程不仅构造复杂，同时也对测量准确度有很大的要求，比如深入研究基本微粒构造与特性的高能粒子加速器工程，需要设计两个邻近电磁铁结构之间的相对径向偏差，不大于±（0.1~0.2）mm。在直线加速器中，漂移管的最大横向准确度是0.05~0.3mm。为了达到如此高的准确度，科学家必须进行大量的科学研究工作，包括选定最优预测布网方法，埋设最稳定标志，研究设计专门的检测仪表，选择最合适的测量方法，进行大数据分析和创建数据库系统等。

（六）工程测量数据处理自动化

由于测量技术的完善，一方面随着其准确度的提升，使得很多一般性的工程测量问题更加简单化；另一方面由于所获得的信息量较大，对信息动态管理和分析的需要增加，因此对数据的准确性和精度要求也提高。尤其是在重大建设和重要工程装置的施工设计、装配、检校、品质管理和变形计算过程中，需要测量人员除具备大量的知识之外，还涉及测量工艺方案设计、仪表方案选型设计等领域，要同邻近专业的地球物理、工程特征和水文地质领域的专业人员协调联系，在设计和提出正确的数据处理方案和计算机软件的领域中，要具备大量的工程知识和一定的专业技能。

由于现代计算机的迅速发展，观测数据也正逐渐趋向智能化。主要体现在对各类测控网络的整体平差、对测控网的优化设计以及对变形监测的信息处理与分析等方面。监测工作者更好地利用和管理海量监测信息的最有效途径，是通过建设监测数据库系统并与GIS信息技术融合建设各类工程网络。目前，不少监测部门都已建设了不同用途的数据库与网络系统，如控制监测数据库系统、地下管线数据库系统、交通数据库、营房数据库系统、土地资源信息系统、城市基础地理信息系统、军事工程技术网络系统等，为管理机关实现信息、数据检索和应用等管理工作的科学性、信息化建设和现代性创造了条件。

（七）摄影测量和遥感技术

摄影测量是指利用量测相机的方法测量目标，可以为目标摄影解析空间位置，它是利用直接线性变换方法所得到的，并不能实现传统的照相机内、外部位置定向。而是通过这些位置的空间坐标，绘制出目标的等值线图形和位置。它的使用领域十分广泛，可应用于文物保护、考古、园艺、环境、医学等。因此，从20世纪80年代开始，中国园林单位就利用测量机构的先进科技能力和装备，测制出了大批的园林建筑地形图，获得了国内外建筑学家和文物保护学者的一致肯定，并指出利用近景摄影等测量手段开展文物古迹和建筑测量工作是快捷、优质的好手段。

近景摄影测量发展的方向，主要是指使用非量测摄影机的数码相机，由于它使用方便而且价格相对低廉。该摄影机目前正朝全能自动化方面推进。数字摄影测量技术是采用面阵列相机，可以直接数字化图像，通过利用模数转换装置和数字图像处理设备的数码照相测量方法，把其技术运用到近景照相测量中具有自身的优势，如影像可靠性高、数据处理周期短、获得物方的位置速度快、成本相对低廉等，在检测行业、医疗、天文学以及机器人制造等领域都得到了应用。

（八）GPS定位测量

GPS定位信息技术，是中国近代以来发展的卫星定位信息系统新科技，在世界各地得到了普遍应用。使用GPS进行测定有很多好处：精度高，作业时限较短，不受工作时间、天气条件和点间通视距离的影响，还可以在统一坐标系中提取三维位置信号等，所以目前在监测中已有了极广泛的应用，如在城市控制网和工程控制网的建设、改装中已广泛地使用了GPS信息技术，在油田探测、公路、通信航线、地下铁道、隧洞贯通、建筑变化、水库观测、山地滑坡、地壳变化监视等方面，也已应用了GPS信息技术。

由于差分GPS信息技术（DGPS）和即时动态GPS信息技术（RTK）的蓬勃发展，产生了GPS全站仪的新概念，能够使用GPS实现施工放样和碎部点检测，并在动态监测中具有十分普遍的使用，由此也更加扩大了GPS信息技术在监测中的应用前景。GPS和其他感应器（如CCD相机）及测量控制系统的结合，解决了工程定位、检测和传输信息的统一，并运用于快速地形测量。而高精度GPS数字动态监控系统则达到了对工程变化监控的全天候、高频率、高度精确和智能化，是目前工程外部变化监测的又一个重要发展方向。

（九）三维激光扫描技术

三维激光扫描技术，又叫三维激光成图系统，主要由三维激光扫描仪等系统构成。其主要工作目标是迅速、便捷、精确地获得近距离静止物体的空间三维坐标模型，并利用软件将模型进行更深入的解析与数据处理。三维激光扫描技术，是近十年来逐渐发展起来的一种新型测量技术，拥有精度高、检测方法灵活简便的优点，特别适合建筑物的三维建模、大型工业设备的三维模型建立以及小范围数字地面模型的建立等，其应用前景非常广阔。

第三节　测绘学科的地位及作用

一、测绘学科的地位及其与其他学科的关系

测绘学科的发展过程，与现代科技的发展程度和步伐有关，与社会为改善人民生活水平和生产条件而开展的大生产运动有关，与现代战争的发展以及军工运动有关。测绘学的发展，打破了最初的为土木工程所提供的狭窄定义，并朝着更广泛的应用途径发展，是为探索和提供在土地地表上、下、周围的工程结构及其他建筑工程中几何物理信号和图像信息的应用之新领域。几乎所有高科技发展的成就，都可以用来解决精密复杂的测量课题。所以它并非一门相对独立的学问，而是与众多应用领域之间相互联系、彼此渗入、相辅相成、共同发展的科学技术范畴。一方面，它需要运用摄影与遥感技术、地图绘制、地质学、环境保护科学技术、建筑工程学、热力学、电子计算机、人工智能、信息化技术、测量技术、计算机工程和互联网信息技术等新兴技术与新思想处理计量技术应用领域中的实

际问题，以充实其内涵；另一方面，通过在工程测量领域广泛运用，又使这种新兴的科学技术成果更加具有活力。如空间定向信息技术在建筑工程技术应用领域中得到了极为普遍的运用；地域信息系统与遥感识别信息技术广泛应用于工程勘察、国土开拓、企业与地方政府的信息管理系统和工程控制信息系统；固态摄影机科技使"立体视觉系统"快速得以普及，运用于三维工程测量体系中；人工智能技术广泛应用于工程现场监测智能化；感应器科技和激光科技、电子计算机推动了工程检测设备的智能化发展等。由此可见，这些新科学技术、新思想进一步丰富了工程测量应用领域，作为测绘学中不能缺少的研究内容，也推动着这些应用领域本身的发展与应用。

二、测绘学科对我国经济社会建设与发展的影响

测绘技术在我国经济社会建设与发展的各个领域中产生了重大影响，具体如下：

（1）城乡规划的设计离不开测绘。随着中国城市面貌不断出现日新月异的变化以及城市与乡村之间的设计和开发，迫切需要加强设计的研究指导。而做好城乡建设计划，就必须用现热性很强的地形图，建立城市规划与乡村面貌的动态数据，以推动城乡建设的统筹开发。

（2）资源勘察和研究离不开测绘。因为地球上蕴藏着大量的资源，需要人类去研究。勘察技术人员长期在野外工作，从选定的勘察区域到最终结果描绘地质图、地貌图、矿藏分布图等，都必须用测量手段。但随着科学技术的进展，通过重力测定技术还可能可以直接进行资源探查，如通过测定所得到的地球重力场数据，可分析地下水中是否含有矿物及其类型。

（3）交通、水利工程离不开计量。铁道公路的修建，从选线、勘察设计到实施修建都离不开计量。而大、中小型工程，都是首先从位置图上确定江河渠道和水电站的位置，再确定流域面积、流量，然后测得更详尽的位置图作为河道布置、水库和大坝选址、库容测算以及工程建设的重要依据。中华人民共和国成立至今，修建了无数条高速公路、铁道，修筑了无数隧洞，架设了多座大桥。如著名的康藏公路、兰新铁路、成昆铁路、京九铁路、青藏高速铁路等，都是重要而艰巨的基础建设工程，为提高工程的顺利进行，检测工作人员开展了道路测试、曲线放样、桥面测量、隧道控制测量和贯通线测试等精确而详细的测量工作。水利建设方面，在我国无数条大小河流上建设了成千上万座水库、水坝、引水隧洞、水电站工程。比如，举世闻名的长江流域三峡工程、葛洲坝工程、小浪底工程，以及刘家峡、万家寨工程等，都是典型的拦洪蓄水、发电、灌溉的水利枢纽工程。这些工程不仅在清理坝基、浇灌基础、树立模板、开凿隧洞、建设厂房与设备安装中进行多种测量，而且建成后还要进行长期的变形观测，监视大坝的安全。

（4）从国土资源调查结果、农村土地利用与土质改善中认识测绘。建设发展现代化

的新农村，首先要开展国土资料调研，摸清国土的"家底"，同时又要充分认识各区域的具体情况，制订出意义与作用重大的农村发展计划，通过测绘可以为上述工作提出更有效的保证。位置图，可以反映地表的不同形状特点、发育过程、发育程度等，对土地资源的合理利用有着很大的参考价值；土质地形图，可以说明各种土地类型及其在地表上的分布特点等，为土地资源评价与估算、土地修复、农业区划等提供了依据。

（5）科学试验、高科技建设都离不开空间测量。开展空间技术研究是一个巨大的工程，要顺利地发射一枚人造地球卫星，就必须经过精心设计、制作、组装、测试、轨道设计，才能完成发射。而如果缺乏空间测量工作，将很难判断出人造卫星的正确发射坐标位置和发射方位，无法判断地球引力场对卫星航行的干扰情况，也就无法把人造卫星精确地送到预定轨道。发展高能物理电子对撞机也是重大高科技工程，因此，要求磁铁安装误差必须低于0.1mm，而直线加速器真空管的准直精度则需要高达10^{-7}~10^{-8}，在国际上只有极少数国家可以实现。1980年我国已经实现了电子对撞成功，假如没有很精确的计算，想实现电子对撞成功也是不可能的。

测量领域对我国建设和国民经济活动的影响也十分广泛，其应用范围也在不断地扩大，除常规的工程建设三阶段的测量任务和国土自然资源研究工作外，在地震监测、海底监测、重大工程装置布置和荷载测量、矿业、军工、医疗、考古、环保、体育、罪证侦查以及科研教育等领域，也要运用测量领域的科学思想、方法和手段。

第二章　测绘技术探究

第一节　现代地图制图技术

一、地图

地图的起源距今已有4000多年的历史，长期以来在地图制图学中，地图不仅是产品，也是地图制图学科的研究对象。关于地图的概念，教科书也进行了较完整的阐述：地图通过地图语言，把世界球面上的自然与人类事件，按照某种几何规律，经过制图技术加工后，缩小后反映在二维平面上，用以表达不同事件的空间划分、互相关系、数量质量特征及其在时间上的历史演变。这个定义包含三方面含义。

一是地理要素的符号化表示。所谓地图语言即一套符号系统及地图注记。地图为三大通用语言之一，其意图重在表达，表达空间分布、表达属性特征、表达关联关系。如何对具象地理要素和无形人文现象进行图示化表达，就需要各种具象和抽象的地图符号以及文字说明注记。二是三维空间到二维平面的数学法则。数学法则包括地图投影、地图比例尺和地图定向三方面，以实现客观地理环境在地图上的可度量性。三是保证地图一览性的制图综合手段。地图综合是服务于地图比例尺或使用目的的信息选择性简化表示。地图综合是一个复杂的过程，可以减少或修改地图中地理特征的大小、形状或数量。地图是客观地理环境的缩影，在有限空间内无法完整表示所有要素和细节，需要制图人有目的地对要素信息进行取舍和化简。学术上对地图的含义有多种看法。Collier提出地图通常按比例在平面介质上，表示地球或天体表面上或与之相关的要素或抽象特征。

一开始地图的使用是为了在纸上标注地理要素、测绘等。地图投影的发展，使地图精度提高后，地图便有了寻路导向的功能。现今地图的美学作用愈加显现，常作为一种空间信息图示，出现在信息图表中。聚焦地图的使用目的，本研究认为地图可以广义地理解为空间信息图示化理解。地图与其他信息图表最大的区别，就是其空间概念。地图是人类理解空间要素布局的产物，也是人类获取空间信息的工具。

综上所述，地图就是按照一定的制图方法，运用地图语言，进行制图综合，即将星球（或其他星体）上的自然环境或人类情况，通过缩小表现到平面上；是对各种事物的空间划分、组成、关系、规模和物质特点以及在时间上的空间变动等描述的图形。地图可将一些复杂的现实世界中的地理信息表达出来，是地理信息抽象的一种图形表现形式。随着地图学的不断发展，地图的表示不仅仅局限于纸质地图，人类学会了使用电子地图并将一些复杂的现实世界中的地理信息以电子地图的形式通过不同的图层与类别表现出来，是地理信息系统的一种电子数据图形表示方式。

二、地图的分类

地图分类的标志很多，主要有地图的内容、比例尺、制图区域范围、使用方式等。

（一）按内容分类

地图按内容可分为普通地图和专题地图两大类。

普通地图是以相对平衡的详细程度表示水系、地貌、土质植被、居民地、交通网、境界等基本地理要素。

专题地图是根据需要突出反映一种或几种主题要素或现象的地图。专题地图按内容可分为自然地图、社会经济地图、环境地图和其他专题地图。

（1）自然地图。反映自然要素或现象的地理分布及其相互关系的地图，如地质图、地球物理图、地势图、地貌图、气象图、水文图、土地图、动物地理图等。

（2）社会经济地图。反映各种社会经济现象或事物的特征、地理分布和相互联系的地图。如行政区划图、人口图、城市地图、历史地图、文化地图、经济地图等。

（3）环境地图。反映环境的污染、自然灾害、自然生物保护与更新、疾病与医疗地理方面的内容。

（4）其他专题地图。主要有航海图、航空图、宇航图、旅游图和教学图。

（二）按比例尺分类

地图按比例尺分类是一种习惯上的做法。在普通地图中，按比例尺可分为：①大比例尺地图。比例尺大于或等于1：10万的地图。②中比例尺地图。比例尺为1：10万～1：100万的地图。③小比例尺地图。比例尺小于或等于1：100万的地图。

（三）按制图区域范围分类

（1）按自然区划分类。如世界地图、大陆地图、洲地图等。

（2）按政治行政区划分类。如国家地图、省（区）地图、市地图、县地图等。

（四）按使用方式分类

（1）桌面用图。能在明视距离阅读的地图，如地形图、地图集等。

（2）挂图。包括近距离阅读的一般挂图和远距离阅读的教学挂图。

（3）随身携带地图。通常包括小图册或折叠地图（如旅游地图）。

三、数字地图

（一）数字地图概述

由于科学技术的提高，有的地形图已采用了相应的规模化缩绘，根据全国统一标准，用规定符号说明了地表上的定居点、通道、河流、境界、土地、动植物等基础地质要素，并用等高线说明了大地的高低起伏和形状变化[①]。地形图绘制主要是根据地形测量或通过摄影测量内业采集、外业巡视调绘定性和有关调查资料最终编绘而成。它既具备现势性和可测量性的特征，是基本用图，也能够用作各类专项图片的基本底图，还具备了现代地理信息系统的强大数据处理功能；既具备多维图片的静止和动态显示能力，也具备在移动条件下的空间数据库系统及与专题数据库系统的互动能力，应用领域十分广泛[②]。

数字地形图是指地质资料根据特定的规律和技术通过电子计算机制作，通过电子计算机数据格式保存的地形图。在城乡规划、国土开发总体规划、地理信息系统开发、测绘及相关服务等许多领域中都起着至关重要的作用。由于数字位置地图信息量大，表示意义内涵深刻，在图像上所表现的注记信息和要素图形密集化，而优秀的数字地形图制图成果则具有高度可读性、无歧义性等图面规则。

（二）数字地形图测图方法

地形测量是指进行测量地貌图的作业，也就是通过对地表上的各种地物、地貌及其在一定水平面上的投影情况和高度变化加以测算，并按规定的比率把计算得到的成果用规范的标志和注记方式绘成地貌图的工作过程[③]。其方法一般分为控制测量和碎部检测。

数字地形测量是以传统的白纸测图原理为基础，利用较为先进的外业测量仪器对野外地物、地貌进行地形信息采集、自动记录[④]，并传输给相关计算机制图软件进行数据处理和编辑，最终以数字的形式来表达地形信息的方法。实现数据化地形监测量的手段大致分

————————

①毛亚纯，徐忠印，田永纯，赵柏冬，许秀成.测绘学基础与数字化成图[M].沈阳：东北大学出版社，2002：31.

②刘独华.城市车辆监控调度管理系统的研究[D].武汉：武汉理工大学，2003：12.

③鲁维嘉，鲁维迅.浅谈地形图测量技术[J].科学技术创新，2013（08）：32.

④柳菲.数字地形测图在城市测量中的应用研究[J].工程建设与设计，2018（24）：47-48.

为三类：原图数字化、全野外数字测图以及航测数字成图[1]，但无论哪一类的手段，其工作流程大致分为三步：地形图的信息收集、处理以及信息传递[2]。

1.原图数字化

原图数字化是指充分利用已有的地形图资料加以数字化改造，在较短的时期里，可以利用数字化仪、计算机、制图仪以及有关的数字化应用软件，快速获取数字地形图成果的方法[3]。其作业方法主要包括：手扶跟踪数字化和扫描矢量后数字化[4]。

2.全野外数字测图

全野外数字测图就是利用各类测量仪器通过野外采集获取所需要的坐标、高程等相关地形数据，并结合测站草图，将采集所获取的数据导入计算机成图软件中进行数字地形图绘制的一种测图方法。其测图方法主要包括：全站仪测图法、GPS-RTK测图法和三维激光扫描法[5]。

3.航测数字成图

航测数字成图首先是利用航空摄影机在空中摄取地面上的影像；再通过外业判读，建立内业地面模型；最后利用计算机绘图软件在模型上进行测量，从而获得数字地形图的方法，如表2-1所示[6]。随着测绘技术的发展，这将是数字测图未来的一个重要发展方向。

表2-1　数字地形图测图方法比较

测图方法	特　点
原图数字化	获得的数字地形图精度比原图精度差，只反映白纸成图时地表上各种地物、地貌，现势性较差，只能作为一种应急措施。
全野外数字测图	将大量的内业编辑工作通过外业测量来完成，获得的数字地形图精度高、可靠性高，但该方法耗时、耗力、耗财。
航测数字成图	可将大量的外业测量工作在室内完成，获得的数字地形图精度高、成本低，不受季节和气候的限制，但该方法的前期投入较大，不适用于较小测区。

①刘贺明.探讨数字化地形测量方法及步骤[J].现代测绘，2011，34（02）：42-43.
②周夷.数字地形图绘制与应用的程序设计和开发[D].西安：西安科技大学，2009：9.
③刘伟.数字化土地测量技术分析[J].科技创新与应用，2015（04）：192.
④李华蓉.GIS建设中地理空间数据的保障研究[D].重庆：重庆大学，2004：17.
⑤顾孝烈，鲍峰，程效军.测量学[M].上海：同济大学出版社，2006：23.
⑥刘贺明.探讨数字化地形测量方法及步骤[J].现代测绘，2011，34（02）：42-43.

四、航测数字成图规范和要求

论文研究区域韩城矿区数字地形图，依据《1：500 1：1000 1：2000地形图航空摄影测量数字化测图规范》（GB/T 15967-2008），采用航测方法通用先内业后外业的成图方法[①]。首先由内业根据立体模型进行全要素采集，再由外业到野外实地巡视调绘。将所有地物、地貌定性，补调隐蔽地物和新增地物，并纠正内业采集在定性、定位方面的错误和丢漏情况[②]。根据项目规范与制图精度要求，在整个测区范围内，利用以Auto CAD为平台的编辑软件南方CASS对1：2000采集数据编辑、整理，最终获得1：2000比例尺数字地形图的DWG格式数据。

（一）测图规范

（1）地形图的地形类别

地形图的地形类别如表2-2所示。

表2-2　地形类别

类别	角度	备注
平地	a≤2°	a为地面坡度
丘陵地	2°＜a≤6°	
山地	6°＜a≤25°	
高山地	a＞25°	

（2）大比例尺地形图的基本等高距

大比例尺地形图的基本等高距如表2-3所示。

表2-3　基本等高距

成图比例尺	地形类别（m）				备注
	平地	丘陵地	山地	高山地	括号内表示依用途需要选用的等高距
1：500	0.5	1.0（0.5）	1.0	1.0	
1：1000	0.5（1.0）	1.0	1.0	2.0	
1：2000	1.0（0.5）	1.0	2.0（2.5）	2.0（2.5）	

（二）成图精度要求

（1）平面位置中误差

平面位置中误差是指内业加密点和地物点，对最近野外控制点的图上点位中误差不得

---

①中国标准出版社.1：500 1：1000 1：2000地形图航空摄影测量数字化测图规范GB/T15967-2008[S].北京：中国标准出版社，2008.

②耿丽艳，马雪琴，赵永兰.机载雷达技术在中小比例尺地形图中的应用研究[J].测绘与空间地理信息，2013，36（07）：180-181+183+189.

大于表2-4的规定[①]。

表2-4　平面位置中误差

类别		限差（mm）	
平地、丘陵地		山地、高山地	
平面中误差（mm）	加密点	0.40	0.55
	地物点	0.60	0.80

对于困难地区（如林区、阴影覆盖隐蔽区等）的平面中误差可按上表规定放宽0.5mm。

（2）高程中误差

高程中误差是指内业加密点、高程注记点和等高线对最近野外控制点的高程中误差不得大于表2-5的规定[②]。

表2-5　高程中误差

比例尺		1：2000			
地形类别平地		限差（m）			
		丘陵地	山地	高山地	
高程中误差（m）	加密点	0.35	0.35	0.80	1.20
	高程注记点	0.40	0.50	1.20	1.50
	等高线	0.50	0.70	1.50	2.00

对于困难地区（如林区、阴影覆盖隐蔽区等）的高程中误差可按上表规定放宽0.5m。

五、地形图图面压盖整饰

要处理好数字地形图中注记与注记之间、注记与其他图形要素之间的相互关系，使用传统方法进行数字地形图图面压盖整饰费时费力。因此对数字地形图压盖的自动处理，可避免图形要素之间的相互重叠，从而提高数字地形图图面的判读效果。

地形图图面压盖整饰是地形图的最基本显示方法，它直接表达了地貌的基本信息，是地理信息中不能忽略的基础要求之一，而且所有地形图图面信息的表示都需要准确、精准地表现在地图面上。对于地形图图面信息来说，不同比例尺地形图图面信息所表示的特点不同，适用方向也不同。对大比例尺地形图而言，由于地形图图面信息较多，因此地形图图面信息能够用于更准确地表达出地形图的各种实际信息内容，并能够应用于路径设计、工程规划等多个应用领域[③]；但对小比例尺地形图而言，由于地形图的图面信息相对于大比例尺地形图的图面信息较少，图面信息中无法显示出整个实际世界中具体的地形、地貌

①中国标准出版社.1：500　1：1000　1：2000地形图航空摄影测量数字化测图规范GB/T15967-2008[S].北京：中国标准出版社，2008.

②中国标准出版社.1：500　1：1000　1：2000地形图航空摄影测量数字化测图规范GB/T15967-2008[S].北京：中国标准出版社，2008.

③吴艳兰.地貌三维综合的地图代数模型和方法研究[D].武汉：武汉大学，2004：28.

形态信息，只是大的地形、地貌形态信息系统单元的基本轮廓或结构，只能用于流域分析、农业规划等应用领域[1]。

数字地形图成果数据不论是以电子地图显示，还是以纸质地图展现，都会产生数字地形图压盖现象，而且数字地形图的图面压盖现象严重影响规划、设计人员对地形图图面信息正确地获取与判读。因此对数字地形图的成果数据进行压盖整饰显得非常重要。论文以地势较为复杂的韩城矿区作为研究区域，可以检查与处理各类简单或复杂的数字地形图图面压盖现象，具有一定的实用性和可推广性。

近年来，随着我国经济的高速发展、科技水平的提高以及计算机的普及，人们对获取地形图数据的需求越来越旺盛，要求越来越高[2]。而图形的制作与编辑都离不开一些专业制图软件，如AutoCAD、南方CASS、ArcGIS、MicroStation等。有了这些专业的制图软件，就可以非常便捷地找到图形信息在地图上的具体位置，也可以很方便、精确地查询、分析选定的目标。同时，可以加强对图形数据的制图与管理工作，促进数字地形图的进一步发展。但这些软件都只具有数字地形图生产的基本功能，而这些基本的功能模块对数字地形图中图面压盖的检查与处理显得非常困难。在当下信息飞速交替的时代，对于测绘行业的内业成图软件，需要不断地更新与完善，才能更好地满足人类社会发展的需求，使地形图逐步地完全实现数字化与自动化[3]。

目前，对数字地形图中图面压盖的检查与处理，利用已有CASS软件的消隐功能或软件显示顺序的前置、后置，只能将数字地形图图面中有压盖的符号要素隐藏或上层清晰、下层模糊显示，以及"S"形搜索方式的高程点移位算法与软件消隐功能的结合，基本解决了数字地形图中注记与地物的压盖问题。而这些现有数字地形图中图面压盖的检查与处理方法，还需要更进一步地深入研究，因此基于AutoCAD的二次开发平台编写程序，可以提高数字地形图中图面压盖的自动检查与处理的效率和质量。

由于数字地形图成果数据最终需要纸质媒介进行表达，而图面信息叠加对于视图多有不便，同时占据了内业整理的大量时间，因此对数字地形图的图面压盖整饰是图形编辑过程中的重要环节。数字地形图图面压盖整饰需要在满足制图精度和规范要求的前提下，合理地编绘数字地形图图面数据中的点、线、面、注记要素[4]，处理好图面上注记与注记、注记与其他图形要素之间的相互关系，尽可能地符合视觉审美[5]，从而达到数字地形图图面整体的美观、易读。

---

①刘敏.基于三维道格拉斯改进算法的地貌自动综合研究[D].西安：西北大学，2007：16.

②尤雅丽.城市地形图数据库建设的思考[J].中国科技博览，2012（02）：5+8.

③潘正风，程效军，王腾军，等.数字测图原理与方法[M].武汉：武汉大学出版社，2004：94.

④万义有，李勇华，胡国红.数字化地形图图面整饰探讨[J].科技与生活，2010（17）：139.

⑤娄倩.电子地图动态注记的设计与实现[D].郑州：解放军信息工程大学，2007：28.

目前，数字地形图压盖处理的方法是利用已有的测绘制图软件，通过人工干预对数字地形图图面编绘处理，例如：AutoCAD、南方CASS等。而在人工处理数字地形图的过程中，不可避免地会出现一些问题：图面压盖挪动后，注记离被注记地物较远而发生歧义且关联性失衡等，使地形图图面信息不匹配、矛盾。这些问题往往造成数字地形图图面信息表达错误，导致规划、设计人员对地形图图面信息的获取与判读错误，从而影响规划、设计等方案的合理决策。由此可见，利用现有软件对数字地形图人工处理的劳动强度大且生产效率低下，严重影响地形图的生产进度，因此加强对数字地形图的自动化、智能化处理具有十分重要的意义[①]。

数字化成果数据中包含了丰富的地图信息，但数据量较大，给数据的管理和分析带来很大困难，不便于数据编辑。由于人工智能还不够发达，很多环节还需要人工干预，导致生产出的数字地形图还存在着生产效率低下等问题[②]，利用二次开发技术来解决这些问题是一个很好的选择。其优点是开发周期短，各方面的消耗少且开发平台的选择也符合大多数单位的应用习惯[③]。而以AutoCAD为平台开发的编辑软件——南方CASS在制图方面的优势使其成为数字化成图的主流软件，但其对于数字地形图压盖的自动处理功能还有待完善。

地形图测绘技术与计算机技术的完美结合，推动了我国数字地形图测绘技术的发展[④]。通过各种开发平台下的二次开发手段，大大提高了地形图的生产效率和质量，减轻了室内工作者的劳动强度，使数字地形图逐渐实现了精度高、实用性强等优势。提供准确、可靠的基础地理信息数据对地形测绘工作的开展起着非常重要的作用，有利于数字地形图为各项基础建设与管理工作做出应有的贡献[⑤]。

六、信息时代数字地图制图学发展新动向

（一）数据来源广泛化

信息时代，数字地图绘制的基础信息源已不再只有纸面地图、数字地图、车载GPS道路数据、文字性数据等。遥感技术的发展将给图片带来更多时态、多规模、多形式、可实时获得的遥感图像数据。多媒体资料包括数据、影像、声音等，丰富了图片的表现形式。许多其他高空数据包括人群分布信息、疾病传播信息、城市真实道路数据等都需要借助基本地理信息显示在图片上。三维可视化技术和虚拟现实技术将使基础数据库越来越接近虚

①郑俊涛.数字地形图质量检查系统的研究与实现[D].赣州：江西理工大学，2011：19.
②刘洪.数字地形图高程点与等高线错误自动查找方法的研究[D].桂林：桂林理工大学，2016：21.
③周夷.数字地形图绘制与应用的程序设计和开发[D].西安：西安科技大学，2009：17.
④顾世peak，顾connect冬.数字地形测绘在地形图测绘工作中的作用[J].科技创新与应用，2014（22）：296.
⑤申全.数字地形图等高线错误自动判定方法研究[D].阜新：辽宁工程技术大学，2014：6.

拟模型的含义,将各类传感器资料、数码图像测量信息、三维地形模型等数据进行融合与集成,能够给使用者创造一种可进入、可互动、可感受的虚拟现实仿真城市场景。所以,多源信息的综合与集成是今后数字地图制图的主要内容。

(二)制图综合自动化

20世纪60年代的电子计算机数字地图制图技术使自动制图综合研究全面发展,由于过去的制图综合主要采用选取、化简、组合、概括和位移等方式来进行制图简化和数据压缩,这几个算符都是非常抽象的,不利于在电子计算机上进行,因此大数字背景的制图综合正向结构图像信息获取、信息识别和宏观决策等方面开展,而各种有序算符的配合与协调已成为自动综合工作的主要任务。目前,自动制图综合研究在实际应用方面还包括了建立综合质量管理规范,把制图的综合基本概念和指标定性化,以对综合质量管理加以有效控制。总体上,绘图技术已经开始从数字化向全智能方向过渡,具体来说,正向以数据挖掘为核心的智能范式演进,机器学习、深度学习、类脑计算等智能技术也开始运用在绘图技术方面,并被广泛应用[1]。

(三)地图制作技术专业化

从1995年开始,数字地图制图逐渐向实用化和规模化发展,计算机制图和出版系统等数字地图制图技术采用地图数据获取、地图内容符号化、编辑修改与绘图检查、地图出版处理与分版胶片输出的工作流程,逐步取代了手工制图生产模式,到2001年实现了地图制图生产的全数字化。专业化的地图制图相关软件相继被开发应用,如MapGIS、MapInfo、ArcGIS、SuperMap等[2],这些制图软件都融入了地学知识,可以实现地图模型在计算机上的表达,如空间插值的自动计算、地图符号和注记的便捷设置、分层设色的颜色模板配置等。通用制图软件如Auto-CAD、CorelDRAW、Illustrator等,提高了地图符号设计功能、艺术设计效果和地图图文排版效果。专业地图出版软件如Micro Station等[3],使数字地图制图和出版成为一个有机的制图系统。

(四)地图产品多样化

从广义上看,互联网信息时代的地图生产是指国际标准图与准版图(在确保图片科学化的条件下,各种图片显示方式结合,对比国际标准图表达功能更强)的综合,将数码

①武芳,巩现勇,杜佳威.地图制图综合回顾与前望[J].测绘学报,2017,46(10):1645-1664.
②刘海砚.地图制图与空间数据生产一体化理论和技术的研究[D].郑州:解放军信息工程大学,2002:31.
③姜良恒.乡级土地利用总体规划图集的设计与制作探讨[D].重庆:西南大学,2012.

绘图技术和电脑图形图像处理、遥感、信息系统、感应器、通信、网络、手机一体化等新技术融合，从而形成了多种多样的地图生产。目前，最普遍应用的地图产品有三维城市地图、个性化移动地图、夸张变形地图、多视层影像图、事件地图及地图视觉故事[1]，而地图生产的种类也开始由简单化向多样性发展。由于网络技术快速发展彻底改变了以往的信息传播方法，使得地图产品的制定、发行与应用很快通过网络进行。互联网地图作为新型图片产品越来越被公众普遍采用，导致图片产品的内涵与表现形式多元化发展。

1.地图产品的内容越来越丰富

室内地图是地图制图范围在空间方向的扩展，如2010年微软在必应地图中加入一些商场和机场的室内地图，2011年Google公司推出了在线室内地图服务[2]。实时信息显示是制图范围在时间方向的扩展，目前实时路况图、热力图、雾霾图、气象图等都已经被公众熟知。

2.地图产品的形式越来越多样化

Open Street Map通过网络技术实现了社会共享制图，人们把收集到的GPS信息、航空摄影图片以及其他信息发布在开放平台上，从而编制属于自己的地图，同时，把这些信息发布到开放平台上，并进行社会资源共享，这样Open Street Map就可做到更加方便大家的使用和编辑。二维码技术在纸质地图和电子地图结合中的运用中，已有了进一步探讨[3]。我国的北京、厦门、烟台、泉州等地纷纷发布二维码旅行地图，给旅游者带来更丰富、真实的旅行资讯。杭州市公交与浙江移动联合推出了公交出行的二维码信息平台，居民使用手机扫描二维码后便能够切换至所在区域的地图页面，可以随时随地查看附近的交通、饮食、游玩、公共设施、交通情况以及换乘情况等，还能够掌握附近公共汽车的实际情况以及车辆到站时刻。另外，一些技术如多媒体、虚拟现实技术和遥感技术等与地图服务的融合，还会继续不断地推动着多样化地图服务的发展。

七、数字地图制图学发展的机遇和挑战

数字地图绘制虽然是信息时代地图学发展的初级阶段成果，但它所提升的只有绘图流程中一个环节的作业效能[4]，而网络信息技术则是数字地图绘制向互联网地图绘制发展的

①孟立秋.地图学的恒常性和易变性[J].测绘学报，2017，46（10）：1637-1644.

②张寅宝，张欣.浅析泛在网络下的地图制作与使用[J].地理空间信息，2017，15（02）：65-68.

③钱凌韬，韩强雷，邓毅博.二维码在地图制图中的应用探究[J].测绘与空间地理信息，2015，38（05）：40-42.

④王家耀.关于信息时代地图学的再思考[J].测绘科学技术学报，2013，30（04）：329-333.

关键，空间数据收集、管理、共享与服务，通过网络信息技术共同构成了一个更加开放的信息体系。自发的地理信息（VGI）工具，如Open Street Map、Wiki Mapia等，帮助使用者在Web2.0条件下采用网络协同的形式制作、安装和传递地理信息，制图员也不再局限于专业的技术人员，而数码地图绘制技术正好在这个"百家争鸣"的人才资源背景下推陈出新。由于很多非专业绘图员都没有充分的绘图知识储备和绘图经验，因此地图绘制质量和准确度都会受到影响。此外，国家地理信息安全管理与监测能力将受到很大挑战。而物联网信息技术作为传统网络技术的延伸，是信息化时代的重要标志，借助智能感应、指纹识别技术等接入互联网，使物联网所涵盖的事物间能够进行信息交互交流，为数字地图绘制提供了多源信息数据源。互联网与物联网技术的广泛应用给地图绘制带来了信息量巨大的数据源，但其品质却无法确定，还需一种定量的考核指标对数据源的品质进行考核。

云计算技术把计算任务布置到了很多分布式计算机系统上，使用者可以按照需要使用计算机系统和储存信息系统。海量信息处理、多源异构数据整合、空间数据挖掘等对计算机系统运行效能和数据存储的需求都较高，因此单一计算机系统很难完成成批处理任务，而云计算技术的到来为数字地图制图学的迅速发展提供了机会。

网格计算技术的快速发展也促进了计算科学技术与空间科学的融合，但不同于传统云计算技术，网格计算也属于分布式计算的一种，是由一组松散耦合的计算机系统和高速网络共同构建的一种虚拟计算机系统，向使用者展示了更大的空间、能力和协作交互功能。地理空间资料网格理论，是在1992年由Goodchild公司创立，通过先进信息技术集成、统一管理、获取、使用复杂的空间信息数据。而网格计算与地理空间资料网格技术尽管属于不同行业的不同理论领域，但都具备了网络化、大整合空间、广域分布、统一服务的特点[1]，怎样把这两种信息技术整合并运用到数字地图绘制的现实中，值得探讨。

互联网等信息时代的数字地图绘制工作将更多地超越专业界线，并需要各学科专业技术人员的积极参与和协助[2]；以功能为导向的、面对使用者的地图设计工作也将作为数字地图绘制的重点工作；各种大数据分析融合处理、空间大数据挖掘与知识发现、智能应用模式与自动评估模式的形成，是数字地图制图学技术方面要实现的全新高度；而信息时代地图学发展的客观规律也确定了未来数字地图制图学技术将全面过渡到智慧地图制图学，智能地图技术则是将未来版图技术高效运用于现实生产与公众生活中的良好愿景。

①万刚，曹雪峰，李科，等.地理空间信息网格理论与技术[M].北京：测绘出版社，2016：92.
②廖克.中国地图学发展的回顾与展望[J].测绘学报，2017，46（10）：1517-1525.

第二节　大地测量及其测绘基准

一、大地测量概述

大地测量学是一门较年轻的专业领域，是现代大地科学研究的一项重要组成部分。其主要任务是通过记录和研究关于地球空间点的位移、引力以及时间变动的信息，为国民经济发展和社会建设、国土安全以及地球科学和空间科学研究等方面提供现代大地的测量技术、数据和支持。现代大地测量学同地球科学和空间科学中的许多学科互相交错发展，已成为促进地球科学、空间科学和军事科学共同发展的重要前沿科学，其领域范围也已由测定大地时间扩展到了测定整个大地的空间结构。

大地测量学的基本任务是：

（1）建立和维护高精度全球和区域性大地测量系统与大地测量参考框架。

（2）获取空间点位置的静态和动态信息。

（3）测定和研究地球形状大小、地球外部重力场及其时间变化。

（4）测定、研究全球和区域性地球动力学现象，包括地球自转与极移、地球潮汐、板块运动与地壳形变以及其他全球变化。

（5）研究地球表面观测向椭球面和平面的投影变换，以及相关的大地测量计算问题。

（6）研究新型的大地测量仪器和大地测量方法。

（7）研究空间大地测量理论和方法。

（8）研究月球和行星大地测量理论和方法；研究月球或行星探测器定位、定轨和导航技术；构建月球或行星坐标参考系统和框架；探测月球和行星重力场。

从20世纪80年代初期开始，由于空间科学技术、电子计算机和互联网的飞速普及，以电磁波实时自动测距、卫星观测、甚长基线干涉观测等为代表的新型大地测量技术手段的产生，为原有地面方法提供了变革性的改变，从而产生了现代大地测量学。以前常规大地测量学重点在分析土地的几何形态、方向以及压力场等，更重视物体在土地上点的相对位置、压力值。而现代大地测量已突破了原先常规的研究重点，把原先所考察的静止部分，在更远距离、大规模、即时和精确测定的要求下，与时间（历元）元素结合在一起。另外，现代大地测量学也提出并解决了包括原有的地球动力学、行星学、大气学、海水学、板块运动学，以及冰川学等专业领域所需要的大量数据。因此现代大地测量学可以并已经涵盖了许多专业领域。且得到许多专业上长期以来很难得到的数据，有机会回答了相关的问题。事实上，现代地球测量学已经构成了一个专业交叉层次上的综合科学体系，并将在更大程度上促进和推动地球科学、生态科学以及行星天文学的发展。

二、测绘基准的定义和作用

原子频标技术和现代大地测量的新方法（如VLBI、LLR、SLR、GNSS、DORIS）的进展，使得地面天文探测和空间大地测量的探测准确度得以快速提升。精确的测量需要有精确的科学模型所确定的标准与之相对应。

测绘基准是由人们所确定的，可以提供全世界自然、人类资料的地域空间属性参照体系。而测量基准的形成与保持则是所有测量事业的基石。测量基准主要由大地测量系统以及相应的体系参照框架所构成。这里，大地测量系统主要规范了大地测量的起算基础和度量要求，以及具体实现方法，而大地测量体系参照框架则是大地测量基础的具体实现。大地测量体系可以分为坐标系统、高程基础/深度基准以及重力基础等。与这些大地测量体系相对的，大地测量参照框架主要有坐标系（参考）框架、高程（参考）框架和重力测量（参考）框架三类。测绘基准理论与工程的主要目标是建立或规范坐标体系、高程系统/深量基准和重力参考体系，形成并维持坐标系结构、高程基础和重力计算基础。

三、国家测绘基准的现代化

我国空间基准现代化应着重考虑两个方面的基本因素：三维和动态。

（一）三维

过去受到现代技术的局限，因此大地坐标体系在实际应用中，通常并不使用三维空间坐标系。只是把三维的目标物体按照一定数学关系投影在二维的平面介质上，加以观察研究。将三维目标变换为二维后，对该总体目标三维的高程信息通常只用作地理信息系统中的特征信息处理。随着空间信息技术与虚拟现实技术的蓬勃发展，同时引入更适应于客观空间现实的三维空间坐标系，这也是一个必然的发展趋势。

（二）动态

过去定义大地坐标体系和高程体系时，因为精确度较低，导致无法计算其本身所引起的各种因素，如地壳形变等所引起的移动，所以认为其是静态的、绝对的。想要真正保证大地坐标系统和高程系统的准确性，需要保证它的现势性。除了给出某一历元的框架点的位置和高度值，还需要给出它对应的时变值，这是在定位、航海、天气、电离层和海平面观测等领域的精确和实时要求中的重要需求。

我国现代测绘基准的发展基础，是进行现代测量基础设施建设。在已有现代测绘基准的基础上，采用现代测量方法，逐步建设我国现代测量基准设施。我国现代测量基准的基础设施主要分为地面基准体系（含我国连续运行参考站、卫星大地控制网）、我国高程精度基准体系、重力基准系统、基准服务系统。从而建立一个高精度、三维、地心、动态、适应数字化发展的现代测量标准框架系统。

通过我国测绘基准的现代化，完成中国测绘基准体系实质上的跨越。由原先局域的、将平面和高度分开的、相对静止的参心基础，逐步更新为由大地基准、高程基准、重力基准和持续运行卫星定向服务系统所共同构成的、在时域上连续的、在空间域上整体的、在基准体系上完整的现代测绘基础框架。它将从科技理念、信息实现方法、业务应用等几个层面，促进中国现行的地域空气信息管理模式发生重大巨变，促进中国在测绘与公共服务基础的反应技术、业务领域等领域，跨上一个崭新的层面。为我国的城市规划建筑、自然灾害监测、智能交通管理、气象预报、农村发展等各类工作提供了更广阔的服务。

第三节　遥感信息技术

一、遥感信息获取技术

（一）遥感系统的构成

遥感使目标能够感知距离。在不与目标保持距离的情况下，通过安装在平台上的传感器收集有关目标的某些信息，并且可以检索、识别数据信息以及集成技术。地球上的一切物体都有其固有的特性，可以吸收或发射电磁波。例如，许多植物都长有绿叶。这是因为绿叶中的叶绿素会与光发生反应。红色和蓝色的光波很容易吸收，但是它们吸收小的绿色波，并且大多数都被反射。后面有很多绿叶。普通物体也具有电磁波的这种特性，它们的出现被定义为光谱特性。世界上不同的物体并不相同，并且由于地理属性的不同，物体具有不同长度电磁波的吸收或反射特性。遥感基于目标吸收并反射以表示不同特性的各种长度的电磁波，以及在存在一定距离的情况下获取有关目标的必要信息的技术。

遥感工作流程大致可分为：识别目标，将识别后获得的信息传回遥感并进行存储，处理和再处理存储的信息，最后生成有价值的信息。实际工作中，为了吸收和反射电磁波并争保证准确性，应将遥感系统的实际应用与实际目标地面物体的特性进行比较和分析。

获取有关图像的必要信息：遥感系统的平台配备了雷达、扫描仪、照相机和其他用于传输与存储各种电磁波的设备。例如，各种遥感平台系统，常用平台包括地面观测站和移动信号设备等地面作战平台，直升机和热气球等空中作战平台，以及外层空间中的火箭和卫星等太空作战平台。

必要信息的传输和存储：遥感平台系统中的传感器设备可以检测从目标地面物体反射的电磁波长度，经过识别后将其存储在数字磁介质中，然后通过磁介质的操作将其传回地面。磁介质也可以通过各种技术手段多次使用，老化后从地面清除。

信息处理过程被发回：从空中接收来自遥感平台的信号后，地面接收器将其存储在高密度胶带上，然后高密度胶带处理信号，例如雾、大气校正、角度校正和宇宙射线校正。数据将转换为可识别的数据并存储在存储磁带上。

存储在存储磁带上的信息应用：根据工作需要，从磁带上提取一些必要的信息，并将其应用于实际工作，如防灾和疏散计划、地震预警、天气预报等。

（二）遥感技术的分类与特点

根据遥感的性能特点，将遥感分为：可以自动触发和接收测距的有源遥感，只能接收信号的被动遥感，可以将传输的信号转换为图像的成像遥感，无法将信号转换为非图像、遥感等。

根据研究方向和遥感的具体应用，可将其分为：外太空遥感、海洋、大气、地球和城市防灾避难规划，地震预警遥感，灾后恢复遥感，遥感有毒气体的扩散和风暴潮。可能会根据需要而有不同分类，在此不再赘述。

基于遥感系统平台的组成和成像技术，可以看出遥感系统平台具有以下的特点：

1.宏观摄影

全面的数据收集航空航天遥感平台（如卫星和飞机）拍摄高度照片的数据和视野比陆地上的照片要多很多倍。例如，用于遥感的1∶60000比例的Quickbird卫星胶片可以捕获大约1000m²正方形区域上的地形全景，而卫星TM图像可以覆盖大约34225km²的区域。可以看出，遥感系统的平台技术主要可以实现综合的地球探测，并不断提供研究所需的各种数据。

2.动态控制，在控制内实时更新各种数据

遥感卫星系统可以在很短的时间内连续跟踪同一物体。全天候实时检索和处理具有相同功能的数据信息，以达到动态控制的目的。例如，用于观测地面站卫星系统的工作周期约为16天，这意味着获得地球地形的完整图像大约需要16天，而Noaa天气探测器的工作周期仅需要半天。它一次可以拍摄整个地球的全尺寸照片，而手持现场勘测方法甚至需要花费数十年的时间才能完成一个完整的地球拍摄任务。可见，遥感系统不仅可以快速获取必要的信息，而且可以将信息更新的时间缩短数千万倍。疏散和疏散的预警可以为预防和减轻城市灾害提供稳定可靠的数据源。

3.获得必要信息的各种渠道，信息量大

组装在遥感系统中的传感器可以识别不同的光谱带，并根据不同的目标选择适合于

所提供信息的不同光谱带。例如，红外或紫外范围可用于动态监测地面物体和地形。许多宽波物体难以监视，可以用高波段监视，并且可以获得良好的效果，例如煤或石油的地下监视。另外，遥感系统收集的信息量非常大。Quickbird的多范围遥感影像可以包含数百兆字节的数据。使用Quickbird遥感影像全面定位中国的土地和领海应该包含大约200GB的数据。数据量远远超出了人类的能力范围。

4.可用于各行各业，具有很大的经济价值

如今，遥感系统正在逐渐渗透到地震救灾、病虫害防治、军事、科学研究和勘探等各个行业。随着遥感领域的不断发展和更新，越来越多行业的专业人士加入遥感技术的开发和使用中，为遥感技术发展的完整性和实用性做出了贡献。同时，遥感技术的大规模工业应用也大大增加了经济利益并创造了巨大的公共财富。

（三）遥感图像数据的展示

本书所研究的遥感核查评价模型是通过WebGIS来实现的，WebGIS即网络地理信息系统，发展速度十分迅速，在很短的时间内崛起并且得到了广泛的推广和应用。WebGIS是结合了地理学与计算机科学等众多相似的兄弟学科而诞生的。同时它也属于这些学科的分支。WebGIS快速发展与当前互联网科技的飞速发展有着密切的联系。作为一门新近产生的学科，它紧跟高速发展的互联网的脚步，在新世纪为祖国的建设添砖加瓦。

WebGIS的含义就是将Web与GIS相结合，让用户实现在互联网上对地理信息的浏览和操作，进一步形成与地理信息相关的软件系统。通常WebGIS系统的架构方式是采用服务器和客户端的前后端架构模式，客户端通常指Web界面，承担着可视化的责任，而服务器一般指ArcGIS Server，这种由ArcGIS提供的服务器，在后台，通过数据库的方式，承担着数据的动态存储与修改的责任。

WebGIS系统通常分为B/S、C/S两种架构方式，C/S架构指的是Client/Server结构，这种架构方式能够体现出分布式系统的优势。而我们现在常用的是B/S架构，B/S结构更加轻便快捷，只要有互联网与浏览器就可以访问系统，对地图服务等进行操作。

（四）遥感图像分割与图像特征获取

如何制定用于图像分割的分割标准是一项具有挑战性的研究任务。对于各种实际情况，不可能概括图像分割的对象。主要目标是将图像分为几个区域，并将具有相同特性和特征的区域分为两个部分。其本质是将图像附近的像素划分为相同性质的区域，并使用几个不重叠的区域表示较大的图像。

1.基于图像信息的分割方法

基于信息分割相对于比较传统的划分方式来说，其主要依据是图像中具体的像素和范围等信息。在分割处理过程中，由于采用信息分割方式所采取的人为干预目标分割范围的技术手段相对较小，这样的计算可以较好地解决图像分割问题。最主要的信息分割方式有基于图像的分离方式和基于目标图像区域的分离方式[①]。

将分割单元确定为图像的每一条像素点，是基于图像的切割技术中的一项主要特征。其中比较易于运用的技术就是阈值切割技术，又称为直方图切割技术。在对道路路面局部实施切割前，可以经过设置门槛，利用直方图将画面分成总体目标物和非总体目标物，以此将道路路面局部与周围的地物特征区别出来，但是随着遥感图像清晰度愈来愈高以后，地物的细部特征越来越多，在实施道路路面切割之后，难免出现不少画面的灰度特性与道路路面的特征接近，在一定程度上降低了道路路面的切割质量。同时，单阈值分割技术无法精确地将道路提取出来，于是有关专家们提出了多阈值切割技术。对于有峰值的灰度信号，首先使用多阈值将信号分成几个区域，然后根据信号灰度值的各个区域加以二次提取。多阈值分离算法一般要求采用多直方图来显示不同的分离区域，或者其他聚类算法将相似的区域加以聚合，对于分析比较复杂的道路信号一般要求使用相应的优化算法对分离区域加以调整[②]。因为采用图像切割技术的约束条件通常只是图像约束内容，而不是通过图形或者纹理等其他内容，所以在路面切割的同时可能受到其他地物，如绿化带、道路车辆、绿化植物等的干扰，也会影响路面的精度。

基于像素分割方法在传统的图像分割方法中，一直都发挥着重要作用，当前在各个领域像素分割方法都有一席之地。基于区域对象分割方法不仅利用了灰度直方图，还将像素与像素之间的局部信息关联起来。梅超[③]等学者为了减少道路周边建筑和道路阴影对道路信息提取的影响，提出了利用Hough变换来计算道路阈值，利用交集处理算法有效地提高了图像的抗噪性，该方法结合了多种去噪算法，有效地减少了道路阴影和周边建筑带来的影响，在一定程度上修复了破损的道路，成功地从遥感图像中提取了道路。张映雪[④]等学者对道路的路面类型及其损毁情况进行检测，对多种道路材质进行光谱分析，并处理原始

①刘建刚，赵春江，杨贵军，等.无人机遥感解析田间作物表型信息研究进展[J].农业工程学报，2016，32（24）：98-106.

②龚循强，鲁铁定，刘星雷，等.高分辨率遥感图像场景线性回归分类[J].东华理工大学学报（自然科学版），2019，42（04）：425-432.

③马维峰，王晓蕊，高松峰，等.基于服务器动态缓存和Ajax技术的WebGIS开发[J].测绘科学，2008，33（05）：204-205.

④江贵平，秦文健，周寿军，等.医学图像分割及其发展现状[J].计算机学报，2015，38（06）：1222-1242.

光谱数据的三边参数，分别计算了各种道路材质之间的区分度，实验结果表明，裸土和水泥混凝土道路区分度较小，需要额外的方法进行再区分，以便较好地识别沥青道路和裸土道路。

2.图像特征的获取方法

遥感图像包含了丰富信息，包括颜色、纹理、光谱等。在对高分辨率遥感图像进行研究时，根据不同的需要利用图像内的不同信息表达图像特征至关重要。

颜色作为遥感图像重要的特征之一，颜色特征对图像的方向、尺寸依赖性较小，具有较高的鲁棒性，经常用于各种图像的分类和信息提取。颜色往往跟周围的地物或者场景相关性较强，大量文献中使用较多的颜色特征主要有颜色直方图、颜色矩、颜色聚合向量等。

（1）颜色直方图。颜色直方图是通过剥离图像中RGB三个通道分量，得到三个分量关于颜色的直方图，能够客观地反映图像中各个区域的颜色组成，缺点是不能反映颜色分量在图像中的位置信息和区域之间的关系。

（2）颜色矩。AMA Stricker和mOrengo提出了颜色矩[1]，该方法通过分别计算R、G、B三个通道的一阶矩、二阶矩、三阶矩，获得关于颜色的零维特征向量。

（3）颜色聚合向量。颜色聚合向量由Greg Pass等人提出[2]，该方法改进了颜色直方图的排布，分为聚合像素和非聚合像素，其中聚合像素指的是直方图的像素区域面积大于阈值的区域，小于阈值则为非聚合像素。该向量主要特点是将空间信息融入颜色直方图中。

纹理特征（如颜色特征）也是图像的重要部分。纹理元素的提取需要计算机和图像处理技术的帮助。其本质在于描述像素及其相邻像素之间的分布规律。

如今，纹理元素通常用于各种遥感图像的信息提取和识别，并且是元素信息的一种重要类型。但是，纹理元素对诸如光和反射的条件敏感。一旦暴露，它们的纹理信息将无法有效表达。文献中最常用的纹理分析方法有统计分析方法、结构分析方法、模型分析方法和光谱分析方法。

（1）统计分析。统计分析方法使用统计分析方法和一般策略来分析感兴趣的区域，并通过每个像素及其分布找到其纹理的特定定律。灰度共生矩阵方法基于统计分析，除灰度直方图方法、自相关函数、边缘特征方法等外，仅使用一种分析方法。

①王春波.基于面向对象的城市道路高分辨率遥感影像提取方法研究[J].黑龙江科技信息，2017（12）：131.

②孙海燕.遥感图像城市道路细节特征提取及增强方法研究[J].工业技术创新，2018，5（01）：87-90.

（2）结构分析。结构分析方法是分析特征和有关已知纹理图元领域中周期性位置的信息。它适用于提取有关具有规则像素分布的对象信息，例如普通的人造图像。当前，最常用的分析方法包括形态分析、图论分析和拓扑分析。

（3）模型分析。模型分析包括通过像素与其相邻像素之间的像素分布来建立某种线性或非线性关系。找到最佳模型是实现此方法的关键。通用模型和随机字段模型是两个最常用的模型。

（4）光谱分析。频谱分析方法主要利用图像中出现的纹理频率的特性来实现纹理特征，以及对图像区域进行适当的变换和滤波后提取出的稳定特征。频谱分析的主要方法是傅里叶分析和小波分析。

二、遥感信息提取技术

概括地说，遥感信息提取的方式主要有三种：目视判读提取、基于分类方法的遥感信息自动提取和基于知识发现的遥感专题信息提取。

（一）目视判读提取

目视判读能综合利用地物的色调或色彩、形状、大小、阴影、纹理、图案、位置和布局等影像特征，以及有关专家的经验，并结合其他非遥感数据资料进行综合分析和逻辑排理，达到较高的专题信息提取的准确度，尤其是在提取具有较强纹理结构特征的地物时更是如此。它是目前业务化生产的一门技术，与计算机提取方法相比，尽管该方法较费工费时，但由于计算机自动提取遥感信息难度较大，故在遥感信息提取中还将长期存在。

（二）基于分类方法的遥感信息自动提取

分类方法是遥感信息提取最常使用的方法之一，其技术核心是对遥感图像的分割。分类有无监督分类和有监督分类两种。在无监督分类中，有K-MEANS法、动态聚类法、模糊聚类法以及人工神经网络法；在有监督分类中，有最小距离法、最大似然法、模糊分类法以及人工神经网络法。

最大似然法需要各类型的先验知识及其概率，特别是需要假定各类型的分布属于正态分布，故它是一种有参数的分类器，在具有先验性概率知识以及各类型满足正态分布的条件下，有较好的分类效果，具有分类速度快的优点。

模糊分类是根据模糊数学所构建的一种分类器，它是建立在假设一个像元（图像块）是由多个类型所组成的基础上，只是各类型的隶属度不同。在对分类器训练时，需要确定训练样本像元中各类型的隶属度，它不需要各类型的先验概率知识，也不要求各类型服从正态分布，是一种无参数的分类器，但是对训练像元中各类型隶属度的确定比较困难。该方法适用于亚像元信息的提取。

人工神经网络分类器是利用人工神经网络技术所构造的分类器。人工神经网络是近十年得到迅速发展的一门非线性科学，它是模拟生物神经网络的人工智能技术，已广泛地用于趋势分析、模式识别以及遥感图像的分类等方面。人工神经网络器不需要各类型的先验性概率知识，也不要求各类型一定要服从正态分布，是一种无参数的分类器。神经网络方法利用分类器进行分类时需要的时间很短，但是在对分类器进行训练时，需要的时间却很长。

对无监督分类，其所分的结果，需要专家进行判读和类别的归并，并最终确定其所需的类型。对有监督分类，需要选取大量的训练样区，而训练样区的选取费工费时，训练样区选择的好坏直接影响分类的效果，同时，分类是对整个图像进行分割，它所要求的是总体的精度最高，这样就不可能完全保证某专题信息的精度最高。

（三）基于知识发现的遥感专题信息提取

基于数据获取的遥感专题信息提取系统，其主要内容可以分为知识的获取、运用数据的获取模式以及运用遥感图片信息和模式获取遥感图片的专题资料等几个层面。在知识获取层面，主要包括在单期遥感图片中找到的地物空间光谱特性知识、空间结构与形态知识、地物之间的空间相互作用知识。其中，空间结构与形态知识主要涉及地物的空间纹理知识、形态知识和地物的形态特性知识等。在多期遥感图片中，除能够找到上述知识之外，还能够更深入地找到地物的空间动态变化特征知识，在GIS系统中还能够找到各种空间关联的知识。运用知识构建模型，也就是运用已获取的某些知识、部分知识或全部知识，构建一定的遥感专题信息提取模式。

运用遥感数据与建模方法获取的遥感专题信息，从简单到复杂，从单知识点、单模块的综合使用，到多知识点、多模块的综合使用，从单一数据的综合应用到多种数据分析的综合应用。

三、遥感图像处理技术

（一）图像增强

遥感图像强化是出于某种目的，强调遥感影像中的特定内容，减少或消除一些不重要的内容，使影像更容易被分析。图像增强的实质是增加感兴趣的对象与周围背景画面之间的对比。并不会提高原始画面的质量，有时候反而会破坏部分画面。

按照所需要处理空域的不同，目前使用的图像增强处理技能主要可分成两大类：空间域的处理过程和频谱域的处理过程。空间域处理过程是指通过直接对像素展开各类计算，以获取需求的强化成果。频谱域处理过程是指先把空间区域图像转化成频率域图像，进而在频率域中对图像的频谱特征加以数据处理，以实现强化图像的目的。按照强化处理数学类型的不同，图像增强技能也可分成点处理过程和邻域处理过程，点处理过程即以每个像元为单位完成的灰度强化处理；邻域处理过程是对在某个像元附近的较小范围子图像实施灰度强化处理，也叫作模板处理过程。

（二）辐射校正

因为遥感图像成像系统的复杂性，感应器接收到的电磁波能量和目标自身发射的能量是不相同的，感应器提供的能量包括目的地距离和高度条件、大气环境、地质情况以及感应器自身的特性等造成的各种畸变。要准确判断目标的反射范围和辐射功能，需要对这种失真现象进行修正或抑制。而去除或校正在遥感信号成像过程中，附加于传感器所产生的辐射能量中的各种噪声的过程，即为辐射校正。

1.由传感器响应特性引起的辐射误差校正

进入大气的太阳辐射线会产生反光、折射、吸引、散射和透射现象，而对其危害最大的就是吸引和散射。因为大气对射线的吸引和发散效应，使原信号的强度降低了。该射线在从地面反射到传感器时，要经历一个衰减。

（1）根据地面位置信息及辅助资料进行辐射校正。在遥感图像的同时，可以同步提取成像对象的反照率，并利用预先设定为已知反照率的目标，将地面实况数据和感应器的输出数值加以对比，从而减少对大气的危害。此处认为，地面目标辐射率和所得到的信息相互之间具有直线联系。

（2）采用波段特性实现的大气校正。选择近红外波段的无辐射影响的标准图像，采用对不同频段图像的比较方法来测算大气辐射。

2.由太阳位置和地形起伏引起的辐射误差校正

（1）太阳位置引起的辐射误差校正。太阳位置主要是指太阳高度角和方位角，如果太阳高度角（太阳入射光线与地平面的夹角）和太阳方位角（太阳光线在地面上的投影与当地子午线的夹角）不同，则地面物体入射照度就会发生变化。

（2）地形起伏引起的辐射畸变校正。太阳光线与地表作用后再反射到传感器的太阳光辐射亮度与地面倾斜度有关。

3.大气辐射校正

进入大气的太阳辐射会发生反射、折射、吸收、散射和透射，其中对传感器接收影响较大的是吸收和散射。由于大气对辐射的吸收和散射作用，使得原信号的强度减弱了。该辐射经地面反射到传感器时又要经历一次衰减。

（1）基于地面场地数据或辅助数据进行辐射校正。在遥感成像的同时，同步获取成像目标的反射率，或通过预先设置已知反射率的目标，把地面实况数据与传感器的输出数据进行比较，消除大气的影响。这里假设地面目标发射率与传感器所获得的信号之间属于线性关系。

（2）利用波段特性进行大气校正。把近红外波段最不受散射影响的标准图像，通过对不同波段图像的对比分析来计算大气影响。

4.影像分类

遥感影像分类是对地表以及环境在遥感影像上的数据进行属性的鉴定与排序。以此达到确定影像资料所对应的具体地物，获得所需要地物数据的目的。利用计算机技术实现的遥感影像分析，是模式识别技术在现代遥感技术应用领域中的具体运用。是现代遥感图像处理的主要内容与技术基础之一。

目前，对遥感图像的自动识别与划分大多使用政策研究（或统计分析）方式，根据政策研究方式，要求从被认识的模型（目标）中，抽取一个反映模型性质的量测值，称为特点，并将模型特点界定到某个特征空间中，运用政策的基本原理对特征空间加以分类，以区别于拥有不同特点的模型，从而实现分类的目的。而遥感图像模型的特点空间大致体现为频谱特点与肌理特点两类。根据频谱特点的统计分类方式通常是遥感应用数据处理在实践中最为普遍的方式；根据肌理特点的统计分类方式通常当作频谱特点统计分类方式的一种补充方式来使用。就特定区域和目标地物而言，纹理特性有时也能发挥关键性作用，被称为"纹理能量法"。除此以外，遥感图像处理的自动识别功能尚有另外几种方式，如决策树方法、模糊聚类法、神经网络法、面向对象分析方法等。

第三章 土地资源及其规划探究

第一节 土地资源及其特征

一、土地的概念

土地（Land）是由在地球陆地部分一定高度和深度区域内的岩层、矿物、土地、水文、大气，以及动植物群等元素所组成的天然复合体。中国地理学家广泛认同土地是一种综合性的天然地理："土地是地表某一区域包含自然资源、景观、气象、水文、耕地、植物等各种自然要素构成的天然复合体。"

作为天然物的土地，正逐步地从人赖以生存与活动的最根本生态环境因子，转变为人的主要劳动对象和基本劳动资料，日益成为人们生活与生产过程中的重要资源宝库，并成为社会所有其他资源与生产资料的重要来源与基础。通过把自然资源与生态环境等要素的用地，转变为利用人工自然资源的人造生态社区与家园而形成自然资源综合体，使用土地不但有利用意义，并且产生了社会功能（劳动价值）。

二、土地资源概念

土地资源指可供农、林、牧以及其他活动占用的土地资源，是人们生活的基础资源和主要劳动对象，有质与量两种内涵。在其使用过程中，可能要进行各种分类以及不同程度的更新措施。由于土地资源存在特定的时间属性，即在不同地域以及在各个历史时代的技术经济发展条件下，其涵盖的内容也可能大不相同。如大面积沼泽地因渍水而无法综合治理，在发展小农经济的历史年代，已不适合于农业生产使用，也不可作为农用土地资源。而在已具有综合治理和开发技术要求的今天，则可以作为农用土地资源。因此有研究者提出将土地资源分为土地的天然属性和经济属性两方面。

三、土地资源分类

土地资源的划分有许多方式，在我国最常见的是以地貌类型和土地利用类型划分。

（1）按地貌，土地资源主要可分成高原、山区、丘陵、冲积平原、盆地。这个分析结果揭示了人类耕地利用的天然基础。一般来说，山区应开发林牧业，平川、盆地地区应开发耕作业。

（2）按土地类型使用，土地资源可包括已使用土地农田、森林、草原、工矿企业交通居民点的土地等；还应研究和发展使用土地农田、宜垦荒地、宜林荒原、宜牧荒原、湖沼滩涂水域等；以及暂时难以使用的土地如大戈壁、荒漠、高寒山区等。这种划分注重土地的合理开采、使用，也注重研究土地资源开发使用所产生的社会效益、经济和生态环境效益。评估已开发利用土地的生活方式、生产潜力，研究分析宜发展再使用土地的种类、质地、布置及其继续发展再使用土地的方式路径，从而发现暂时不开发利用土地的种类、布置，并研究今后改造发展再使用土地的可行性，对深入发现土地的生产潜力，合理设置生产布局，提出了基本的理论依据。

（3）土地资源的种类，因为我国自然情况复杂，土地资源的种类众多，通过人类几千年的发掘与应用，如今已经逐步形成了各种丰富多样的土地利用形式。土地资源的主要种类，一般包括农田、森林、放牧地、水体、城乡土地、交通运输土地、其余土地（沟渠、工矿、盐场等）及其冰川和长期积雪、石山、高寒荒漠、戈壁大漠等。

（4）从土地利用形式的组合来看，与我国东南部和西北地区的区别很明显，其边界一般北起大兴安岭，向西经河套地区平原、鄂尔多斯高原中段、宁夏地区盐池齐心合力地带，并扩展至景泰小学、永登、湟水河谷，最后转向青藏高原地区的东南边缘。东南部地区为我国农田、森林、淡水湿地、外流水系等的集中分布区，耕地面积约为中国国土面积的90%，农田垦殖指数较多，而西北部地区以畜牧用地居多，约80%的草地散布于中国西北部半干旱、干旱地区，垦殖指数最低。

水土资源结构的不均匀性也十分突出，黄河、珠江、西南地区诸河流域面积和浙、闽、台一带的供水约占我国总供水的81%，而上述区域的土地规模只占我国土地规模的35.9%。黄河、淮河及其他北部诸河流域供水约占了我国供水的40.4%，但这些半湿润、半干旱地区所需要浇灌的农田，却占了我国总耕地面积的58.3%。而西部干旱、半干旱地区，水资源量则仅为我国供水的4.6%。

四、土地资源的特征

在市场经济条件下，土地资源呈现出超越于自然属性的不同特征。

（一）土地资源的生产性

土地资源有生产性，即能够制造出人们特定要求的植被商品和动物商品，这是土地资源的根本特性所在，同时也是区分于土地资源的最主要标志，因后者的生产性就是有肥力，但没有生产量。而土地生产性又按其特性分成天然生产性和劳动生产性。前者是由天然因素产生的，即土地所具有生长植被的基本特征是原本土地就具备的，而后者则是施加人工因素所形成的。土地生产力的强弱，即能产出多少，产生什么，或者说创造怎样的商品，创造什么，则主要依靠于上述两方面的生产力。土地如果没有生产力，自然也就不能称之为资源。

（二）土地资源的稀缺性论

稀缺性就是说可供使用的土地并非取之无穷、用之不竭的。土地资源的匮乏性既是相对而言的，也是一定的。一方面相对人类需求土地资源的欲望来说，资源是稀缺的；另一方面无论何时、何地人类总是绝对地面临着资源稀缺的问题。这种稀缺不仅表现为不同用途的土地资源数量的稀缺，而且也表现为不同地区土地资源的相对稀缺。土地资源在总体上属再生性资源，本质上是土地资源的供给与需求之间，产出与消费之间的匹配和谐问题，它表现为相对稀缺性。稀缺性是土地资源的又一本质属性。

（三）土地资源的可选择性

可选择性是指在对土地资源的各种使用中，人们都可自由选择能使土地价值最优化的途径，从而实现地尽其用。土地资产评估中的匹配空间，是指将土地利用方法和土地的最多宜性得到共同考虑的过程。通常，土地资源偏好于寻找土地价值最大的使用。当不同的土地利用方法的最有效使用发生，土地效用也会相应转换。除非转换为法律所不容许，又或是有相反的发展方向。小城镇的发展，就是土地的可选择空间的生动例证。有些城市的核心区域，在很久以前曾经是一个荒野。而种植业结构变化，也是土地资源的可选择空间的典型例证，许多过去长期栽种粮食作物的农田，已转型发展为果园。土地资源的可选择性就意味着土地的可优化利用。人们应该用最合理的方式，去研究、发现、判断、控制、仲裁土地资源的最优化运用，从而保障当代及后代的工作和生活中对土地资源的需要。

（四）土地资源与土地资产的相互关系

土地资源是从地球环境中不断分离出来的支持人类生存和发展的基本物质和能量。其中"资"表示土地对人类"有用""有价值"，"源"指土地是人类生产资料和生活资料的来源。土地作为一种资源，是土地的物质和能量对人类社会需求不可替代的重要性所决定的，是永恒的，第一位的，是土地的本质属性。土地资源既有自然属性，也有经济属性。土地资源的生产性是它的自然属性，土地资源的使用价值是它的经济属性。

（五）土地资源与土地资本的相互关系

土地资源转化为土地资本的主要标准，一是地租，二是土地收益。因此地租的收益也是土地利用权人与资本所有者之间在经济上关系的主要表现方式。地租反映了土地的出租关系，表现为土地利用权的收益；而利润则反映了融资关系，表现为资本所有者的利润。

自然资源与土地资本是紧密联系在一起的。在生产经济发展中，自然资源虽有的属私人所拥有，但一般都是归国家所有，是因为按其融资性的特点就是实行国家土地所有制。同时由于国土、领空、海域权都是被各国条约所承认的本国权利的体现。所以国土资金通常体现为资本家国土拥有者的资金。而资源等级各国为清除资本主义发展阻碍，废除了封建社会地主土地所有制之后，为了建立资本主义国家对农民财产阶层的直接统治地位，把封建土地所有制改为资本家土地所有制。它直观地体现了农村土地拥有者、农民财产阶层与农村劳动力相互之间的社会经济联系。因为资本主义产品是最先进、最普遍化的物质生产商品形式，全部制造要素、全部资源条件，都体现为产品、货币、资源等价值形态，所以人类本身就把土地资源都看作土地资本。

第二节　土地利用规划原理

土地利用，是指人类根据土地的自然特点，按一定的经济、社会目的，采取一系列生物、技术手段，对土地进行长期性或周期性的经营管理和治理改造。土地利用的广度、深度和合理程度是土地生产规模、水平和特点的集中反映。目前人口急剧增长，可利用土地资源减少，城镇化趋势和城市占地面积的日益扩大，引发城市用地与国民经济其他部门用地，特别是与农业用地的矛盾。由于技术进步，人类改造和利用自然环境的能力日益提高，稍有不慎，就会出现污染环境和破坏生态平衡的问题，而在土地利用上，这种现象往往更加突出。

一、土地利用体系的特征

土地利用体系是一种生态经营复合体系，除具备一般体系所具备的特点之外，尚有其特殊之处，主要表现在如下几个方面：

（1）多系统复合。土地利用体系是一种复杂的大体系，它是由社会、经济、自然、生态等多种不同种类的子体系有机地综合而成的生态经济体系，由系统中不同体系彼此结合、作用，而构成的一种有机整体。

（2）多层次结构。土地利用体系是多级的综合体系，纵看，包括全国、省、市、县、乡镇的土地利用体系；横看，各个层级的土地利用体系包括了农田、森林、牧地、矿地、交通土地和海域等子系统，这些子系统又是与社会、文化、科技、生态等相互作用的复合体系，或称子系统。

（3）多目标导向。土地利用管理系统要求的总体目标是土地利用的整体效率最优，即整个社会价值、经济性和环境价值都最优，所以，管理系统的总体目标是多样性的。具体来说既要使用土地资源，经过物质转化和社会生活，创作出人们生活所需的巨大资源，也要经过政府对土地利用体系的合理改变与调节，提供一种符合人体和生物本身所要求的理想生存环境，所以政府对土地利用体系的操作，应该是多目标引导，统筹兼顾。

（4）多功能协调。土地利用系统是由土地、环境、社会、经济等各类信息系统综合而成，构成各个子系统的构造方式不同，功能特点也不尽相同，因此导致系统的综合作用也不一样。而土地利用信息系统则是利用人的自主适应、自我调节的主动功能，实现多功能协同，从而实现土地全面改善的目的。

（5）多地域差异。土地资源本身就存在着巨大的区域性问题，而土地资源的区域条件与地域价值之间的巨大差别，也同样极大地影响与决定了不同区域内部的土地利用体系的差异，主要表现在系统的目标、效率、运用前景和对周边环境的影响等诸多方面的差异。

（6）多因素制约。土地利用系统的运用受诸多因素的约束，首先，表现在土地利用系统多因素的内部约束，主要涉及土地承载力、资源供应能力、社会生产力等诸多因素，这些因素影响并约束着系统的运用行为。其次，还受土地利用系统的外部因素约束。这也是土地资源利用系统必须产生于特定的自然环境中，必须和周围环境进行物质、信息、能源等的互动，也就是说它需要适应环境。土地利用系统将构成一个更大的土地资源利用体系。而土地利用体系的广义环境或大自然环境，也就是在整个范围内的社会、经济、技术、政治、自然和生态方面的现状和趋势。这样，系统的周围环境将影响系统的活动，从而形成环境制约。

二、土地利用规划

土地利用规划，也称为土地规划。是指政府在土地利用的发展进程中，为了实现特定的利用功能，对各种用地的空间结构与分布状况加以调控或合理配置的中长期规划政策。它依据影响国土有效使用的自然资源和社会发展状况、历史背景与社会现状特征以及国民经济建设的实际要求等，对特定区域范围内的国土资源，加以科学合理的计划使用与进行有效利用的一种综合性国土发展政策。

在特定范围内，按照我国社会的可持续发展的需要以及各地自然、历史、发展状况对用地发展、使用、管理、维护等空间上、时序上进行的综合战略性规划与统筹安排。主要从全局与长远利益入手，以范围内所有用地为目标，适当进行土地利用功能的布置；以开发利用为重点，对全国耕地开发、使用、整理、保护等领域，进行了统筹安排的总体规划。目的在于做好对土地利用的宏观控制与规划控制，合理使用全国耕地资源，推动国民经济健康增长。

三、土地利用规划的编制

（一）编制程序

土地利用规划是实行土地用途管制的依据。土地利用规划的编制程序是：编制规划的准备工作；调查研究，提出问题报告书和土地利用战略研究报告，编制土地利用规划方案；规划的协调论证；规划的评审和报批。土地利用规划报告是土地利用规划主要成果的文字说明部分，包括土地利用规划方案和方案说明。编制土地利用规划方案是在土地利用现状分析、资源分析、土地利用战略研究的基础上，根据规划目标和任务进行的。规划方案的主要内容有：导言、土地利用现状和存在问题；土地利用目标和任务；各部门用地需求量的预测、地域和用地的划分；土地利用结构和布局的调整；实施规划的政策和措施。规划方案说明的主要内容包括：规划方案的编制过程；编制规划的目的和依据；规划主要内容的说明；规划方案实施的可行性论证等。

（二）编制原则

编制土地利用规划要遵循以下原则：严格保护基本农田，控制非农业建设占用农用地；提高土地利用率；统筹安排各类、各区域用地；保护和改善生态环境，保障土地的可持续利用；占用耕地与开发复垦耕地相平衡。各级人民政府依据国民经济和社会发展规划、国土整治和资源环境保护的要求、土地供给能力以及各项建设对土地的需求，组织编制土地利用规划。全国和省级土地利用规划为宏观控制性规划，主要任务是在确保耕地总量动态平衡的前提下，统筹安排各类用地，控制城镇建设用地规模。县乡土地利用规划为实施性规划，特别是乡镇土地利用规划，要具体确定每一块土地的用途，并通过报纸公告、张贴布告、设立公告牌等方式向社会公告，公告的内容包括规划目标、规划期限、规划范围、地块用途和批准机关及批准日期。土地利用规划实行分级审批，由国务院和省级人民政府二级审批，一经批准必须严格执行。土地利用规划的修改必须经原批准机关批准，未经批准不得改变土地利用规划确定的用途。土地利用规划的实施措施包括：土地利用规划经同级人民代表大会常务委员会审议通过后，报上级批准，作为地方性法规，由人民代表大会监督执行；土地利用规划纳入国民经济和社会发展计划，并由政府制定配套的实施条例，对有关问题做出具体规定；理顺土地产权关系，启动发展土地市场，通过经济手段促使规划的实施；逐年落实规划的各项控制指标，开展土地利用动态监测，监督保证土地利用规划的实施。通过建立领导责任制、公告、建设项目用地预审制和监督检查制等管理制度来实施规划。

（三）土地利用规划编制的任务

土地规划是对土地利用的构想和设计，它的任务在于根据国民经济、社会发展计划和因地制宜的原则，运用土地利用的专业知识，合理地规划、利用全部的土地资源，促进生产的发展。具体包括：查清土地资源、监督土地利用；确定土地利用的方向和任务；合理协调各部门用地，调整用地结构，消除不合理土地利用；落实各项土地利用任务，包括用地指标的落实，土地开发、整理、复垦指标的落实；保护土地资源，协调经济效益、社会效益和生态效益之间的关系，协调城乡用地之间的关系，协调耕地保护和促进经济发展的关系。

四、土地利用规划的实质意义

（一）土地利用规划是调控土地利用的国家措施

土地利用规划是土地利用管理的基础，是土地意志的反映。土地利用并非一般的政策，是一个立法规范的管理土地利用的法律政策。虽然土地利用策划并非地方性政策，但土地利用决策是地方各级政府的主要任务。

（二）土地利用规划是具有法定效力的管理手段

土地利用总体规划的特性和功能，确定了土地利用总体规划的法律强制力。由于土地利用总体规划中的各项规定、规范和政策措施都需要具有持续的稳定性，因此土地利用总体规划是对城乡建设、国土开发等各类土地利用活动的统一安排与部署。各项管理工作一经进行，其成效或后果都将无法改变，而土地利用总体规划并非一个一般规模的工程，能够随意改动或变更，因此需要政府以法规的形式固化下来，以解决单一政府管理手段中可能产生的短期行为。因此各级人民政府依法制定并实施规划，是土地利用与管理工作中的最基础和最直接的活动。

（三）土地利用总体规划是量大面广的社会实践活动

土地利用总体规划的每一项决定、每一项措施，既要符合国家的政策法令规定，也要适应地方的实际需要。在编制规划中的前期工作首先要有大量的研究调查工作，摸清了用地情况、土地利用状况、发展前景以及土地市场情况，如此才能切实地提出具体工作计划，也需要广泛征求意见，以解决地方各业、各单位的土地要求等具体问题，之后就必须开展各种工作，以各种措施保证工作计划的正常执行；土地利用总体规划关系各行各业，影响着千家万户，内容涵盖了政治、文化、社会生活的方方面面，有着强烈的综合性和实践性。由此可见，土地利用总体规划的重大作用及其重要性。

五、土地利用规划特性

土地利用规划具有下列特性。

（一）土地利用具有政策性

政府作为公共利益最大化的代言人，有必要通过规划对土地利用实施干涉，这是当今世界各国普遍存在的现状。中国政府通过土地法规和用地规定的制定为中国政府干涉土地利用提供立法和政策基础。土地利用规划是一种行政活动，是为特定的地方体制和政府服务的。但土地利用规划并非一种单纯专业性、价值中立的工作，规划的制定与执行，更多的是地方政府部门手中的权力体现。在一定意义上说，土地利用规划必须带有立法性、严肃性与原则性。

（二）土地利用具有整体性

用地规模有限性和用地规模增长特性，要求城市规划者应当以国民经济的总体高度，从整体土地利用需求的角度上考虑建设项目，科学合理地分配工业用地资源。土地利用规划单位是（国土）这块蛋糕的主要调配者，所有土地部门也都是蛋糕的主要用户。当然在调配蛋糕时，需要知道不同的用户对蛋糕的要求也不同。

（三）土地利用具有兼容性

土地利用规划对象是多维的，既有社会的、历史的、自然环境的目标，又有公益的、民间的、行业的、地方的目标等，而城市规划的关键与困难就是多维对象的平衡，如果把其对象归纳为吃与工程建设、生活与开发。那么，城市规划的宽涵性与兼得性就表现在城市规划方案设计中必然是吃与工程建设、生活与开发，"鱼和熊掌兼得"的方法。除此之外，计划兼容性还反映在规划制定与执行过程中运用各种信息技术与方法。

（四）土地利用具有折中性

用地面积的有界性使得用地资源配置方法带有折中性，是对整个社会总体目标与国民经济总体目标，以及私人目的与公众目的调和折中主义的产物。所以，土地利用规划方法在实质上是对各部分不同行业用地的满足方法，只是为了使地分配者得到满足，而不能实现满足目的，即称之为不求最优化，只求满足。

（五）土地利用具有动态性

由于规划自身的不确定性、灰色性，要求规划执行中的主客观状况绝对准确是不切实际的，规划要在实际反馈中及时调整。在认识规划严肃性的同时，规划是在不断调整中逐步使之更加完美。规划的动态性，是指对其微分决策的积分。人们通常将具有高度弹性和生命力的规划称为蓝图规划。因为规划并不是按时间节点的行为，而是时期行为。与此同时，为了克服修改规划的随意性，必须遵守法定规划修改程序，一般来讲，修改规划行为主体应与编制规划行为主体一致。

正如任何规划一样，土地利用规划的生命力在于其对未来土地利用的导向性。为此，要注意解决主观与客观、现时与未来、局部与全局之间的关系问题。这些问题集中反映在规划实施过程中，所以，我们常说"三分规划，七分实施"就是这个道理。首先应当转变观念，将规划实施阶段视作规划过程不可或缺的重要组成部分，编制好规划仅意味阶段性工作的完成，规划的完成有待于规划的实施，从一定意义上讲，随着社会经济发展，规划是永无止境，永远没有终点。

要求规划实施中的主客观情况一成不变是不切实际的，规划要在实施的反馈中定时有序地修正，也就是说，规划决策绝不是固定僵化的，而应该看成动态的，在反复规划修正中逐步使规划加以完善。当原有规划决策的实施将危及规划目标的实现时，对目标或规划决策方案进行根本性的修正即追踪规划决策。追踪规划决策实质上是就原来的问题按照原定规划程序，重新进行规划。要做好追踪规划决策必须坚持四项原则，即回溯分析（从原有规划决策的起点开始追溯）、非零起点（考虑原有规划决策）、双重优化（在原有规划决策基础上寻求优化）和心理效应（承受改变原有规划决策的心理反应）。总之，追踪规划决策较一般规划决策更为复杂和艰巨。

第三节　土地利用规划的理论

一、地租地价理论

在传统的城市建设和土地规划实践中，土地如何合理利用，主要考虑的是具体地段的地形、气候、水文、土壤特征以及附近地区的水利、交通状况，以确定土地的用途。随着市场经济程度的提高和城市化发展，我们更多地需要分析土地利用的经济关系，以确定城市区域土地利用的空间结构。为了获得土地利用的最大经济效益，合理地配置土地资源，必须应用经济杠杆对其加以调节和控制。地租地价与土地利用规划之间的关系可从以下两个方面加以阐述。

一方面，人们能够通过规划，科学合理地组织土地利用，以进一步增加土地肥力和改善土地品质的情况，通过建设城市交通网络，改善用地的经济地理位置和交通条件，从而实现土地集约化运营，使更多的级差地租制度产生并具有特点。通过科学合理的规划能够使土地升值、地价提高，而土地利用规模因素也是产生影响土地价格的最主要原因，主要表现在以下三方面：一是有关土地利用的法律规定限制了土地价格，一般都是按商用、居住、工业、农村等的使用价值分别降低；二是按土地利用强度限制地价，如在同等用途下，不同的规划容积率，地价相差也很大；三是周边环境、基础设施规划情况。这些都是在地价评估中必须考虑的因素。从这个意义上说，"规划即地价"。

另一方面，地租地价论告诫了人们，对于土地资源的配置应该运用地价杠杆进行调整与管理。在土地规划中，要充分体现同量投资在各个地块上取得回报差异的属性，并调和土地问题，以取得较大的级差地租I；因为土地集约程度差异，就产生了级差地租Ⅱ，而土地纲领中要安排相应的土地利用方向、方式和集约程度，以获得最大的级差地租Ⅱ。房屋地价也是制约城市规划的主要原因，可根据地价的空间配置规律合理设计（配置）各种产业地块。如按照地块效用和地租之间的关系，把处于和靠近都市核心区的地块设计成优惠地块，如商务项目等，将其余形式的地块，如产业项目、政府办公项目，为避开都市核心的地块等。级差地租的客观存在，必然引起城市中各种社会经济要素逐渐向核心地区集聚，从而使得城市中的土地供应量上升，同时根据市场需求平衡的原则，城市中地质要素也将随之增加，并由此形成了排异现象，使一些原料密集型、对生态有一定危害、附加价值较低等的产品陆续向企业聚集体外围排挤，以保证企业聚集发展中的自动平衡和保持企业聚集体系中一直保持较高水平的运转态势。城市内挖潜改造，通常就是运用级差地租原理，进行土地利用结构的调整置换，保证规划的实施。因此也可以说，"地价即规划"。

地租地价对土地规划和开发的作用研究，一般包括了地租地价和土地供求均衡关系的基本理论、土地边际收益、以影子价格决定的土地资源配置理论和通过竞租竞价模型直接确定土地地价的空间位置等概念。

二、土地资源择优配置理论——分蛋糕理论

经济学中经常面临这样的问题，某种资源或商品具有稀缺性，该资源可以有多种用途，在向社会多个成员或部门分配时，就存在选择问题，资源配置形式不同，所需付出的资源代价和可能得到的利益就大不相同。需要我们通过择优分配达到最优化，资源数量一定情况下实现效益最大化或者一定效益目标下资源利用最节约。因此所谓资源最优配置就是社会能以最低成本生产人们所需物品状态下的资源配置。即帕累托最优状态下的资源配置。

土地资源同样面临着优化配置的问题，由于土地资源具有稀缺性、多宜性，土地在不同部门之间如何分配必然存在着选择，需要按最优方案分配。虽然农村土地资源有多个主要用途可供选择，但是具体到任何一种农村土地资源的实施应用情况，其使用功能都是单一的，而且对农村土地资源利用功能的调整也十分困难，且成本高昂。所以对自然资源的优化选择不但可能，而且很有必要，这主要包括了两个层面的内容：其一，针对某一领域具有多宜性的土地单元，并对其的主要性状做出整体研究和总体判断，以便决定对该土地单元的合理利用或主导作用；其二，针对某一应用领域选取了最优化的土地单元。

土地资源，因为它的稀缺特性和使用的可选择权，自然会流入各类可被选中的应用，从而在不同应用上充分发挥着自然资源的经济效益，体现了资源利用的最高经济价值，所以，土地资源配置的核心便是自然资源在各部分之间的合理分配与再分配，是土地资源配置的主要内涵。土地资源管理学家王万茂博士曾将国土资源配置形象地比喻为"分蛋糕"，土地规划便是给社会主义国民经济各个行业"分蛋糕"，蛋糕有限，不能满足每个人的需要时，就只能通过合理配置实现整体最优。

如何配置呢？可以分层次来考虑。《土地管理法》将土地利用类型分为三大类：农用地、建设用地和未利用地，实际土地资源部门分配的重点和矛盾焦点在于农用地和建设用地的数量比例关系。因此可以先在宏观层次上研究农用地与建设用地分配问题。确定了两者的最优分配比例后，再在农用地内研究耕地、林地、园地、草地等的数量关系，建设用地内研究交通、水利、城市用地等的数量关系。农用地和建设用地的配置，可以用土地利用竞租模型加以理论分析。

竞租函数（bid-rent function）是个人或企业因为土地位置的差异，对不同区位的土地愿意支付的土地租金的差异表达，也有人称之为条件差距，即土地供两种不同使用所能产生社会效益的差距。竞租理论认为，土地利用形态取决于其竞价能力的大小，而竞价能力之大小因国家经济条件不同有所差异，以都市边缘的农地为例，由于面临其他土地利用形态所具备的强大竞租能力的挑战，不得不转为其他利用形态。

三、区域空间结构理论

区域经济空间结构，是指在特定区域范围内经济社会基本要素之间的相应区域关联和空间分配方式，它是人类社会在漫长的历史发展历程中，人们经济行为和区域选择的累积产物。地区经济结构是人们经济行为的空间表现，它体现出人们经济行为的区域特征及其在区域发展中的相互联系。结构的合理，对于地方企业的成长与提升具有重要的推动和影响意义。地方的结构是区域规划的一项重要内容。这里将重点阐述增长极理论、核心边缘理论以及点—轴的渐进扩散理论。

（一）增长极理论

增长极学说是由法兰西社会经济学家F.佩鲁克斯（F.Perroux）于20世纪50年代提出来的，被看作中西区域学说和中国社会经济区位理论的核心，是区域空间结构理论的基础之一。佩鲁克斯指出，在市场经济空间内，经济要素间产生着不均等的影响，某些经济要素决定了另外的某些经济要素。经济空间也并非完全平衡的，只是出现于极化过程当中，所以经济发展过程并非总是在各个区域内以相同的速率展开，恰恰相反，在特定的时间，国民经济发展的势头常常集中于一些基础经济部门和具有创新性的产业上，而这些部门和产业又为了寻求外部经济效应，常常聚集于区位条件较好的地方，也常常是区域的主要大中城市，这种城市构成了区域国民经济的发展极核。同时，这些增长极对周边区域也有一个辐射扩散效应，通过这个作用，增长极中心既在基础领域和技术领域周围吸集着不断增加的关联行业、延伸领域的辅助性企业，还有提供社会公共服务的广大第三产业，发挥着制造中枢和社会中介功能，并使这些成长与完善的动能经由社会组织、制造要素、市场、技术等途径向周边区域传播，进而促进所辐射区域的整体成长。

赫希曼对佩鲁克斯增长极核心论的进一步发展，是通过把空间组织概念引进到了经济增长极核中，把佩鲁克斯含糊提出的空间集聚理论进行了深化和诠释。赫希曼认为，从经济地理学的视角来看，经济发展过程必定是不均匀的，不能同时发生于每一个区域内，但如果经济发展过程在一个区域形成发动型产业或主导工业（master industry），那么在该区域内就必须形成一个巨大的动力使经济发展力量更集聚在该区域，从而形成经济发展的极核区域（core region）。赫希曼还指出，增长极核心理论被视为一个重要战略工具的根本依据在于如下三点：其一是集聚经济的出现使得增长极核心区域本身能够变成一个有效的再开发区域；其二是在增长极核心的自身建设和公共开支上的支出，相当于对大区域的全面补偿性支出；其三是利用增长极核心的"淋下效应"（即扩散效应）从根源地缓解周边落后地区的经济动力问题。

1966年布德维尔给增长极下了一个简要的定义：增长极是指在城市区配置不断扩大的工业综合体，并在其影响范围内引导经济活动的进一步发展。布德维尔把增长极同极化空间、城镇联系起来，使增长极有了确定的地理位置，即增长极的"极"，位于城镇或其附近的中心区域。这样，增长极包含了两个明确的内涵：一是作为经济空间上的某种推动型工业；二是作为地理空间上的产生集聚的城镇，即增长中心。

增长极的作用机理主要体现在增长极的如下三种效应上：

（1）分配作用。佩鲁克斯指出，实际国民经济中资本的作用往往是在一种非均衡条件下实现的，不管大的国民经济模块内部或者小的国民经济模块内部，都因为相互间的不平等因素而形成了一种不对称，有些国民经济模块居于分配位置，而另有些国民经济模块则居于被支配位置。佩鲁克斯将这种"一种企业对另一企业造成的不可逆转或部分不可逆转的作用"称之为"支持作用"。一般来说，增长极中的推动性组成部分都存在着不同的支持效果，都能利用与一些经济单元之间的生产供求关系，及其要素的共同流向对这种经济单元形成支持作用。

（2）乘积作用。一般是指经济增长极中的带动性行业和其他行业部门之间相互垂直的、层次的关系，这些关系中可能包括向前连接、后向联系，以及旁侧连接等。正是因为这些关系的出现，带动行业的发展才可能通过与列昂惕夫投入或产出关系，而对其他国民经济部门形成了波及乘数效应。但这些关联的大小都应该通过其能力和重要性来确定。关联能力大小是指企业因为推动性行业的成立，推动了其关联行业形成的可能性。而关联的重要性则是指因为带动性行业的形成或通过区域乘数效应而产生的企业就业或产出的增长。

（3）极化与扩散效应（或称溢出效应）。极化效应是指快速成长的推动性行业聚集，并促进了其他企业行为进一步趋向增长极的反应。在这一阶段中，先是产生了企业行为和经营要素的极化，再必然地产生地域上的极化，进而获得了聚集经济（内部和外部规模经济）。集聚型经济发展反过来，又进一步扩大了经济增长极的极化效果，进而加快了其经济增长速度并拓展其吸引区域。而扩展效果则是指经济增长极的驱动力经过一些相互衔接机制，进一步地向周边分散的过程。而扩散作用的结果，将以收入增长的形态对周边区域经济形成巨大的区域乘数因素。极化效果与扩展效果都随着一段距离的递进而减弱。极化效果与扩展效果的综合因素便是溢出效果。假如极化效果等于扩展效果，则净溢出效应将显现负数，这对增长极腹地无益；反之则正，对增长极腹地有利。

佩鲁克斯认为，增长极核是否存在，首先决定有无发动型工业，即所谓能带动城市和区域经济发展的主导经济部门和有创新能力的行业。作为增长极发展及作用基础的产业被称为关键产业（Key industry）或称为推动型产业。在区域规划实践中，利用增长极理论的核心问题之一是，如何确定推动型产业。它的特征是：产品需求收入弹性系数高，市场扩展和生产发展的速度快；有较强的创新能力，尤其是技术创新能力；产业关联性强，能促进产业综合体的形成；生产规模大，有很强的增长推动力。当关键产业开始增长时，该企业（或部门）所在区域的其他产业也开始增长。随着就业增加，地区税收状况改善，购买力上升，新的产业（特别是与关键产业有经济和工艺协作关系的产业）被吸引到该地区来投资。随着这个过程的深入和普遍化，经济增长的动力将逐步渗透，最终波及整个地区。

增长极理论打破了经济均衡分析的传统，为区域经济发展理论的研究提供了新思路，即通过不平衡增长方式实现整个国家或地区的高速增长。它不主张消除地区间的不平衡状态以实现协调或平衡的增长，而是主张通过促进一些增长极的发展以产生扩散、支配、乘数效应带动整个国家和地区的增长。

（二）核心边缘理论

赫希曼首先将空间度量引进到生长极的概念中。他指出，经济发展不会同时出现在每一地区，但是，一旦经济在某一地区得到发展，产生了主导工业或发动型工业时，则该地区必然产生一种强大的力量使经济发展进一步集中在该地区，该地区必然成为一种核心区域，而每一核心区均有一个影响区。约翰·弗里德曼（John Friedmann）称这种影响区为边缘区。核心与边缘之间存在着一种扩散与交流的基本关系，共同组成一个完整的空间系统，亦即为结节性区域。由于核心边缘理论基本上是以极化效应（即向心倒流效应）和扩散效应（即离心扩散效应）来解释核心区域与边缘区域的演变机制，与增长极理论的机制解释有许多类似之处，故有些人常把这两种理论混淆，或者互相替换。

弗里德曼所指的核心区域一般是指城市或城市集聚区，它工业发达，技术水平较高，资本集中，人口密集，经济增长速度快。核心区域是经济发达地区。它包括如下几类：①国内都会区；②区域的中心城市；③亚区的中心；④地方服务中心。边缘区域是国内经济较为落后的区域。它又可分为两类：过渡区域和资源前沿区域。许多学者认为，核心与边缘的关系是一种控制和依赖的关系。第一是核心区的主要机构对边缘的组织有实质性控制，是有组织地依赖。第二是依赖的强化，核心区通过控制效应、咨询效应、心理效应、现代化效应、关联效应以及生产效应等强化对边缘的控制。第三是边缘获得效果的阶段，革新由核心区传播到边缘，核心与边缘间的交易、咨询、知识等交流增加，促进边缘发展。随着扩散作用加强，边缘进一步发展，可能形成较高层次的核心，甚至可能取代核心区。核心与边缘间有前向联系和后向联系，前者主要是核心向更高层次核心的联系和从边缘区得到原料等。后者是核心向边缘提供商品、信息、技术等。通过两种联系，发展核心，带动边缘。核心边缘理论还认为，不同层次的结节性区域都不可能不受到外部的影响，任一区域一方面是更高层次核心的边缘区，另一方面又是较低层次区域的核心区，不同层次结节区域的上下套接，形成一种等级扩散传播网络。如果各级传播机理能够良性发展，就可通过一系列有序的空间结构逐层转换，推动整个区域的有效发展。一个空间系统发展的动力是核心区产生大量革新（材料、技术、精神、体制等）成果，这些革新成果从核心向外扩散，影响边缘区的经济活动、社会文化结构、权力组织和聚落类型。因此，连续不断产生的革新成果，通过成功的结构转换而作用于整个空间系统，促进国家发展。

（三）点轴开发理论

在区域规划中，采用据点与轴线相结合的模式，最初是由波兰的萨伦巴和马利士提出的。波兰在20世纪70年代初期开展的国家级规划中，曾把点轴开发模式作为区域发展的主要模式之一。

点轴开发理论，是运用网络分析方法，把国民经济看作由点、轴组成的空间组织形式，即"点"和"轴"两个要素结合在同一空间。点即增长极，轴线即交通干线，因此点轴开发理论是增长极论的延伸，它也是以区域经济发展不平衡规律为出发点的。点轴开发理论是生长轴理论和中心地理论的发展。该理论的中心思想是：随着连接各中心地理的重要交通干线如铁路、公路、河流航线等的建立，形成有利的区位，方便人口的流动，降低运输费用，从而降低了生产成本。新的交通干线对产业和劳动力产生新的吸引力，形成有利的投资环境，使产业和人口向交通干线聚集而形成新的增长极。这种对地区开发具有促进作用，形成区域开发纽带和经济运行通道功能的交通干线被称为生长轴。

该理论认为，在一定的假设条件下，经济中心在地域上呈三角形分布，其吸引范围为六边形。不同等级的经济中心依据市场最优、交通最优、行政区划最优原则，体现了不同等级经济中心吸引范围的差异。因而点轴开发理论重点论述了经济的空间移动和扩散，是通过点对区域的作用和轴对经济扩展的影响，采取小间距跳跃式的转移来实现的。这一理论与模式的基本思路可以归纳为以下几点：第一，在一定区域范围内，选择若干资源较好的具有开发潜力的重要交通干线经过的地带，作为发展轴予以重点开发。第二，在各发展轴上确定重点发展的中心城镇（增长极），确定其发展方向和功能。第三，确定中心城镇（增长极）和发展轴的等级体系，首先集中力量重点开发较高级的中心城市（增长极）和发展轴，随着区域经济实力增强，开发重点逐步转移扩散到级别较低的发展轴和中心城镇。

轴线开发或者称带状开发是据点开发理论模式的进一步发展。该理论认为，区域的发展与基础设施的建设密切相关。将联系城市与区域的交通、通信、供电、供水、各种管道等主要工程性基础设施的建设适当集中成束，形成发展轴，沿着这些轴线布置若干个重点建设的工业点、工业区和城市，这样布局既可以避免孤立发展几个城市，又可以较好地引导和影响区域的发展。

（四）梯度推进理论

"梯度推进论"最初来源于美国哈佛大学博士弗农等人首创的"工业生产生命周期阶段论"。区域理论研究者们把这种经济的生命周期发展理论带到了区域经济的理论研究中，并建立了区域经济梯度发展学说，其主要论点包括：

（1）地区国民经济的健康盛衰，首先在于该地区生产方式的好坏和变化程度，而生产方式的好坏则直接影响了地区内各国民经济部分，尤其是重要专业化部分在产业生命周期中所处的发展状态。因为较发达区域大多处在技术和经济繁荣时期，不论在发展还是科技方面都属于中局部梯度地区。所以新兴的高科技产业组织适合于在较发达区域布置，而一般的产业组织，适合于在科技、人才和劳动者能力受到限制的发育不良地区或低梯度弥散区域布置。

（2）由于高新技术发展和产生创新的新商品、新工艺、新思想和新型的企业经营方法和管理方式等，大多发源于经济高梯度区域，同时，通过产业结构的创新，推动了区域企业向高梯度产业发展的过程集聚。

（3）生产方式的调整，根据国民经济增长的时期移动和产品生命周期的衰减，逐渐有次序地从高阶梯区域向低阶梯区域全方位迁移。

（4）高梯度发展过程，是经济在移动上形成的极化效果、扩展效果等联合作用的产物，既产生了经济活动向高梯度弥散区域进一步集聚，并对周边区域发展起支配与引导作用，促进了周边地区的经济社会发展，同时也将产生区域间两极分化。

四、地域分工理论

地域分工理论的主体是"比较优势原理"。经济利益是决定地域分工的动力。土地是作为空间而分布于地球表面的和不可移动的，附着于土地的一切自然资源，如土地、水分、空气、太阳能和各种养分，以及对人类所需的一切生产资源，如建筑材料、矿藏、原料和动力资源等，都具有明显的地域性和地域差异的规律性。而制约土地利用的社会、经济、技术因素，因与土地利用的自然生态条件相互交织在一起，因而具有程度不同的地域性。因此自古以来就有"靠山吃山、靠水吃水"的说法，地域分工早已存在。而商品经济的发展，使地域分工趋于分明，并具有重要经济意义。

随着商品经济的发展，劳动地域分工，实际上主要表现为区域生产专业化的劳动地域分工，土地的利用同样要依据这一经济原则实行地域分工，使每一块土地利用得当，因地制宜各显所长，才能达到地尽其利，而不致浪费资源。土地利用的专业化是现代商品经济条件下土地利用地域分工的必然趋势。科学地确定土地利用的地域分工，因地制宜、合理利用全国各地区的土地资源，将促使全国和各地区产业结构与地区生产布局的合理化，不断完善和发展区域经济，提高生产率与经济效益，是区域规划和土地利用规划的重要任务及理论依据。

五、生态经济学原理

生态学（Ecology）是德国动物学家海克尔（E.Haeckle）于1866年提出来的。他认为，生态学是研究生物与无机和有机环境之间相互关系的科学。由于地球上的生物不可能单独存在，而是彼此联系共同生活在一起组成的"生物的社会"，即生物群落。在自然界生物因素与环境因素相互联系、相互依存、相互制约，在一定范围内，构成不可分割的整体，即生态系统或生物地理群落，如一块草地、一片森林、一片沙漠、一个水池、一座山脉等自然生态系统和水库、渠道、城市、农田等人工生态系统。地球上所有生物（包括人类）与其生态环境组成的总体即生物圈就是一个巨大的生态系统。生态系统在不断演变中达到动态平衡的相对稳定统一体即生态平衡。一个生态系统都有一定的物质流、能量流和信息流，人类活动对这些流有不同程度的影响，有可能导致生态系统的失衡、倒退甚至崩溃。因此环境污染、森林消失、水土流失、土地沙漠化、臭氧层变薄、生物物种的消失等都会影响生态系统的平衡。所以生态学的发展，人类对生态规律的逐渐深刻认识，是可持续发展思想形成的一个重要基础。

生态经济学产生于20世纪50年代，是生态学和经济学相互渗透、交叉，为了解决当代面临的生态平衡与经济发展的矛盾而形成的一门边缘学科，它是从经济学角度，研究生态经济复合系统的结构、功能及其演替规律的一门学科，为研究生态环境和土地利用经济问题提供了有力的工具。生态经济学的基本理论有：

（1）因地制宜论。生态经济体系具有鲜明的区域性。不同的地区，从资源的产生环境到利用各类自然资源的规模、能力、特征以及组合均存在着较大差异，在空间结构上形成了各种形式的自然资源区域组合。需要人们在进行具体的资源规划研究时，经过充分系统的调查分析，找出自然资源区域分异的基本规律，并在进行农业区划研究和自然资源综合评估的基础上分门别类、因地制宜地提出自然资源发展的长期计划以及执行上述计划的具体政策措施，实现资源能效标签利用与经济社会发展的同步进行，在资源健康循环中和谐发展。

（2）循环转化论。物质循环与能量转换运动是生态有机体内的两个具有规律性的运动形式，前者指物体的循环运动规则，如生产商透过消化吸收无机物质，经由光合效应形成有机化合物，食品再经由消费者食用，最后透过还原分解成能被生产商消化吸收的无机物回到原生存环境，从而完成物体再循环。后者指能源的转换运动规则，能源在整个自然界中流转，是沿食物链营养层向金字塔顶端的单向流动转换运动，每流转一次营养层，能源就有1/10左右转换为新有机体的热能，并大部分以热的形态消耗，从而熵值增加。能源在生态系统中各个成分之间消耗、传递与分解，所有化学物质的合成和分解，以及一切生物的生长和繁衍过程，都伴随着能源的转换与物质循环。所以必须根据循环转化理论，对工业产品中的废弃有机化合物充分利用，多层次地循环使用，以达到经济增值。

（3）临界论。生态系统本身拥有一个内在的主动调节功能，即负反馈功能，通过这个功能，系统可以稳定与和谐。不过，这些主动调节功能并非没有限制的，任何一个生态系统都因为功能不同，存在数量限制，这种数量限制叫作临界值，也叫阈值或容量阈值。如果自然生态系统中的某些因素受到了外来的影响，包括人们不正确的行为，从而使其所遭受的损失大于这个剥夺临界值，生态系统的主动调节作用也将无法再起作用，导致系统机能的衰退和系统的损伤，造成整个自然生态系统的混乱和生态系统的衰退。对环境的统计测量主要涉及自然资源容量和环境容量两个方面。

（4）生态平衡论。生态环境质量的优劣，是以生态是否平衡作为主要标准的。生态平衡，是某个领域的生态和自然环境在长期发展的过程中，生态与生物，以及生态与环境成分间建立一个比较平衡的关系，使整体系统达到了可以充分发挥其最大价值的整体状态。主要体现为：整个生态系统的生物投入和产出都保持均衡，生态与生物，以及生态与自然环境之间在资源结构上都处于比较平衡的整体状态。生态系统食物链的能量转换、生物循环的正常进行，指生态系统的质量收支平衡、结构均衡和能力保持平衡。

土地本身就是一种自然生态系统，土地利用则通过人们对土地的各种投资来达到自己生活使用需求的整个过程，它组成一个系统。二者相互作用、相互交织、彼此渗透而组成的一个具备特殊结构和功能的统一总体——土地自然资源生态体系。所以土地资源环境经济系统就是由一个不同空间中的土地生态系统，与土地生态体系相互作用耦合而组成的具备特殊结构和功能的统一总体。土地资源生态经营体系的组成以及其与周边自然环境的关系共同构成了一个有机系统，其间任意一个要素的改变都将引起其他要素的相应改变，从而决定了其的总体特性。毁掉同一座山上的林木，势必引起径流面积的变化，从而造成大量地下水土流失，肥沃的农田会成为膺薄的砾石坡，而源源不断的水流又会形成一道道干旱的河道，更严重的还可能造成气候变化。环境经济学理论指出，当前的土地资源环境现象，如土地沙砾化、水质丧失、土地环境污染、天然灾难频繁等，都是由于不合理的土地天然资源开发利用，造成了自然环境遭受破坏。因此人类使用土地资源时，一定要树立总体观点、全域观点和体系思维，充分考虑到国土资源经济体系的内在和对外的各种交叉联系，不要仅顾及了土地的使用，而忽略土地的使用、整理与使用系统的其他因素以及周围自然环境的影响作用。

不能仅顾及对局部区域的资源利用，而忽略了在整体区域和更大区域内对其的合理开发利用。因此，一是应根据土地生态系统的性质来构建土地生态系统的最佳构造，确定土地利用最佳结构。设计的制定、生产布置的设置都应当真正做到因地制宜，并与现场的条件要求相符。二是该资源的使用不会超出资源的可使用时间，要有效地控制环境污染和改善环境条件。通过土地规划调整和改善生态系统的功能，保护环境，防止污染继续扩大。三是以地球生态理论为引导，让土地资源得以更全面合理地使用，从而取得更好的生态效益。在新能量和资源的使用方面，应做到有取有补，以确保自然和谐。四是在合理使用可再生新资源的时候，应重视抚育和增加资源，使利用者社会经济向良性方式发展。五是用地开发应强调经济利益的整体价值，即用地环境经营体系的整体价值。环境价值和经济性相互之间具有相伴性，是同一次土地利用中的两种效果，要求我们不能单纯追求经济的增长和利润的增加。必须在重视经济效益的同时兼顾生态效益，达到生态建设与经济效益双目标的优化，即注重生态经济效益。环境效益是经济性与生态效益的结合与统一，是工业生产过程中劳动利用与劳动消耗的环境效益与无穷乐趣的综合，是资源开发的整体效益。

第四节　土地利用规划的原则

一、因地制宜原则

地球的陆地表面就像大自然中其他物体那样，都有其产生与发展的历史过程。地表上因受各种形成原因的影响和处在截然不同的历史发展阶段，产生了许多彼此差异但又各具特色的土地。因为中国各地域自然环境和社会生活经济环境的千差万别，影响到了土地利用的走向、方式、深入和广泛性等，使土地应用呈现出明显的区域差异性。截然不同的土地利用环境，不但体现了土地自身的适宜性和限制性，同时也体现了当前生产力发展水平及其对土地的改良能力和利用程度，所以，土地利用者需要坚持因地制宜的原则，才能将土地利用的潜在可能性变成实际生产力。

因为土地组成要素不同、比例的不同组合构成了表面类型和作用功能不同的土地，严格地说，在地表上很难发现性质和功能完全一致的两块土地。但是，由于国民经济中各领域的各个单位都对其土地的质量有着特定的需求，因而形成了土地利用的主要矛盾，处理好二者的关系便成了土地利用控制的核心。

因地制宜是在编制国家土地利用规划时坚持的主要原则之一。因地制宜原则体现在土地特性与用地条件之间的相互关系上。土地适宜度是土地用途合理规划与实现，土地利用需要及其变化的客观物质基础。因此制订土地利用计划时要贯彻因地制宜规划原则，更具体地说是通过发现确定土地适宜程度时，将客观上已经出现的土地质量和用途适宜程度，通过土地评价手段进行确定。从严格意义上来说，土地评价手段是贯彻因地制宜理论的重要途径与手段。土地合适度是指对特殊使用的土地质量水平。土地合适程度离不开特殊的土地利用。土质适合程度可以从自然角度和经济角度加以评定。用地适合度评定是指土地质量相对于不同用途的综合评定，其结果告诉我们不同使用的适宜用地的层次、规模及其数量。在此基础上，结合了社会经济条件和科技程度，制订了有关土地利用的供选计划，是进行决策的依据。

土地利用与土地适宜是相互关联的对立统一。人类对土地的利用在不断地改变土地适宜性，它一时一刻也不能离开土地适宜性而存在。随着社会生产力的发展和科技进步，人类改变土地适宜性的程度在不断提高。当今世界人类已经改变了自然环境，干预了自然界的物质循环，但人类不可能离开土地而存在，人类对于土地的依赖关系随着时间的推移会发生变化。

对于土地适宜性的认识应当克服两种倾向，既要批判"地理环境决定论"，又要反对"地理虚无主义"。自然条件的优劣和自然资源的贫富直接影响着社会生产的发展和生产力的分布，即使自然条件和环境的限制作用再大，作为社会生产的外部条件也是不可能决定社会发展的。在组织土地利用时应当充分考虑土地特性因子的组织即土地质量，确定各种土地利用方式的适宜种类和适宜程度，但绝对并非意味着只能听任土地的摆布，等待它的恩赐，人类对于土地质量是可以施加影响的，虽然这种影响过程有时极其缓慢。与此同时，应当充分尊重客观存在的土地适宜特性，做到地尽其用，各得其所。

土地质量是一个动态概念，随着社会生产力的发展，合理地组织土地利用，土地质量也在不同程度地发生变化。为此，必须建立经常性的土地数量和质量统计制度，建立土地资源信息系统，即在计算机软件和硬件的支持下土地空间数据的储存、变换、派生、综合、分析和显示系统，从而把土地评价与土地规划两项过程系统地相结合，把土地评价成果作为制定土地利用规划的重要基础，把土地利用规划视为土地评价及其成果应用的延续，使土地利用规划方案表现为各类土地适宜性的最佳组合。

土地利用规划不是一成不变的方法与指标设计，需要贯彻因地制宜原则，才能寻求紧密结合地区的自然环境与经济社会发展状况及其特征的设计方法。土地利用规划有着明显的地区性，各个区域具有不同的设计原则、目标、内涵与手段，比如城市土地利用规划不同于土地利用计划，平原地区不同于丘陵地区，灌溉农业区域不同于旱作农业区域。同一种设计基于地域的特殊性，其设计手段也不尽相同。各个区域土地利用规划的主攻目标、设计要点也各有差异。再如经济技术开发区规划的重心在于建筑物与线性工程的设计；土堆山区的主要任务，在于合理安排农、林、牧、副、渔业的土地，坡改梯田，预防排涝，以及种植造林、绿化荒山等。总而言之，在农村土地利用规划过程中，必须开展实地调查科学研究，反对"一刀切"的做法，统筹主观希望和客观可能二者的相互联系，唯有如此，才能发挥农村土地利用规划对推动整个国民经济建设的积极作用。

二、综合效益原则

人类合理组织土地利用的目的就是获得最高效率和最好服务。由于中国现代科技发展有着鲜明的一体化特点，因此土地利用者所追求的经济效益绝对不是单个经济效益，而是融入社会、经济和生态三项经济效益于一身的综合经济效益。

在社会主义制度里，特别是有着14亿多人口的我国，土地利用的合理范围既要适应民众生活和工业生产对农产品的日益需要，也要为国民经济各单位创造适宜其使用的土地，促使其有序开发，这就是土地利用的基本任务。社会发展的稳定、均衡和长足发展，一定需要有充足的用地来源尤其是耕地面积做保障，可是，耕地面积这种珍贵的紧缺自然资源，在经济社会发展与人口增加对其需要之间，存在着日益加剧的用地供求矛盾，这就需要根据土地利用规律科学合理地实现一定区域内的耕地面积安排，为社会经济建设提供更有力的耕地面积保证。

要达到土地合理利用的最高效益，需要学会运用经济杠杆对其进行调整与管理。地租与地价研究，对土地资产的综合评估与合理利用、制定土地优惠政策，有着很大的指导作用。同时通过科学合理的土地规划利用，进一步改善土地肥力与品质，提高土地的地理位置与交通环境，实现土地集约化管理，必然引起土地级差地租与形成环境的重大改变。人类使用耕地就有必要在耕地上投入劳力、物力，用单位耕地上的投入劳动数量来评价耕地集约程度。在中国当前人多地少的情况下，通过提高对单位规模耕地的变量利用投入，以增加对土地利用的集约程度是必然的发展趋势。要达到国土资本使用的最高效益，选择适当的耕地集约程度显然尤为重要。用地集约率受到土地生产力的控制，而土地生产率又依据于用地本身的受容能力与生产效率。土地受容力即在资源的最佳配合条件下土地所能受容其他变量资源的总数量。土地受容力和用地集约程度是正相关的。土地生产利用率，是在土地最佳配置状态下所获回报和成本之间的比率。上述有关数据应根据土地利用边际分析加以选用，避免土地报酬递减现象的发生。

在特定情况下，土地的使用会带来特定的效益，通常将单一土地资源利用所带来的效益数值称之为土地资源利用效益系数。该关系实质上是反映了一个用地方案在占有或耗费单位总量的紧缺资源时所造成的国民经济损失，即纯总收入或国家总收入的相对降低量。因为土地资源利用效益系数与被使用的国土资源总量、品质和使用价值等各种因素直接相关，因此需要采用资源使用效益基准关系。而资源使用效益基准关系又可利用普遍分析方法、均匀数分析方法、综合平衡法和最低收益法获得。必须说明，在根据所占有耕地资源对农村地区生产纯收入或国民收入的影响测算资源利用效益时，要谨慎采用单位面积耕地的纯收入或国民收入数据，它与多种因素如地域气候、地理位置、土地质量、作物品种等直接相关。由于地域的客观条件存在着差别，因此各个地方在测算时应采取不同的耕地资源使用效率关系。

土地利用时必须兼顾生态效益与生态效益。整个地球表层是个巨大生态圈，但因为在其各个地方的自然状况有着巨大的不同，所以形成了不同生态系统，如海洋、湖泊、陆地、森林、草原、城市等生态系统，同时又是更大系统中的自然环境要素。土地生态系统在其使用过程中和土地经营体系之间实现了物质与能源上的交流，土地生态系统向土地经济系统输入土地产品，通过生产、分配、交换、消费等各个环节转换为经济物质和能量，再输入土地生态系统，在物质能量循环过程中又转变为经济产品回输给土地经济系统。土地生态系统和土地生态体系的相互反馈联系，使两种体系在结构上相互沟通，在作用上互补又彼此影响，在经济价值上一致又彼此冲突，进而使二者相互作用形成一个系统，即土地生态经济体系。在土地利用中，应该寻求用地形式经济体系的最高净生产力（实物形态、价值形态和能源形式）。

人们的所有社会活动，包括土地利用都是直接或间接在耗费着环境质量和资源。当这些耗费所造成的环境和生态损害时，必将直接影响正常的土地利用经营活动，并导致巨大的经济损失，所以在评估土地利用的综合经济效益时，不但考虑土地利用对单位内部的综合经济效益，同时必须考虑因此产生的对社会外部的不经济效益。在通常情形下，单位内部经济效益都是以社会外部不经济效益为代价的，因此为了公正地评价土地利用的综合效益，运用费用—效益分析方法，分别计算费用（C，包括工程费用、经营费用和环境损害费用）、效益（B，包括工程效益和环境改善效益），最后以净效益（B-C）或效费率（B/C）评定其优劣。另外，在费用效益研究时，考虑了成本因素即费用和经济效益之间的相对现值关系，使整个阶段的费用或经济效益有了可比性。

综上所述，土地资源管理的整体经济效益原则就是要求我们在对土地利用过程中所谋求的，最终目标就是将土地利用寓于社会经济建设发展与保护自然生态的整体和谐发展之间，从而追求社会、经济、环境三方面效益的平衡。

土地利用的综合经济原则要求把握好近期和远景，土地利用二者的相互联系。错误地使用土地而造成的损失，往往必须经很长时间方能显现出来，所以，人们应当对未来效益以及周围的生态环境进行合理预估。另外，必须说明，在以上的诸效益中，除了土地效益之外，社会效益和周围生态效益都是无法衡量和非货币化的，也是隐蔽的。所以，效益关系常常掩盖了土地利用给社会效益和自然环境所带来的损失，从而脱离了三个效益关系的正常轨道，因此应予充分的注意。

三、逐级控制原则

土地利用规划常常和地理范畴相互联系，一般来说，土地利用规划都是在特定地理范畴内做出的。地域是地区和范围的统称。区域是一种广义的概念，是指地球的组成部分。区域界限在某种意义上是相对自由的，并可以按照要求和具体条件确定。区域是地区中的部分，但不同于地带，区域的界限是根据内聚能确定的，而区域则是有内聚力的区域。

根据不同的管理标准，把全国土地资源分割为不同的区域和范围。对国土资源的管理控制的层次性，决定了土地利用规划的形式、规模、目标和内涵的多样化，由上而下形成了结构有序、层次分明的全国国土资源管理规划系统。最低层级的土地单元，包括一片水田、一块森林、一个鱼池、一座城池等。再往上一个层级的地域，既可能是地方行政区划，如省、市、县、镇等，也可能是跨地域的一定范围，如古代中国的农业区域、长江三角洲、珠江三角洲，或者小河流域等。一国之内最高层级的是国家，从横向上分析，农村土地利用整体是由各种农村土地利用部分所构成，包括了农田、森林、牧地、工矿地、水地等国土使用部分，存在着彼此渗透、互为依赖的相互作用与关系。按照逐级管理的原理，由于上下层级之间有着密切的关系，上一阶段农村土地利用计划的工作结束之后才能够着手实施下一阶段的土地资源使用计划。各层次土地利用计划均对其下一层次土地利用计划发挥了管理功能，但其自己又受到上一层次土地利用计划的管理。每一层次土地利用计划在受制于前一阶段土地利用计划的同时，也对其进行调整、补充、完善，使之更为完备和合理。

按照逐级管理原则，制订土地利用计划的实质，也就是把计划范围内土地利用类型和活动内容落实在一定的管理空间。土地利用规划方法一般都应该进行层级划分和地域分解，将其落实到地块，同时，也通过这些方式对下一个层次范围的土地利用起着很大的制约作用。

区域系统主要由社会经济文化体系和自然生态系统二个子系统所构成。土地的使用系统和自然资源管理子系统是在社会经济基础体系与自然生态环境体系的影响下产生的。土地利用过程的社会生产关系与生产水平相适应。土地利用体系运行，受制于土地资源开发利用过程中人与人之间的利害关系，以及社会生产力利用资源的水平。土地利用应当和其他资源开发与利用相结合，为推动地方经济社会蓬勃发展起到更重大的积极贡献作用。按照各级管理规定，土地利用规划应当按照国家社会经济发展规划，以及在其他自然资源（水、气候、生物等）合理使用计划规定的管理范围内制定。

由于土地利用规划包含的项目较为复杂，根据各级控制准则的规定，必须先做出联系到全局的有主要意义项目的设计，包括各种土地设计、优化与布置，包括水利工程、交通建设项目以及居民点用地设计等，而后才能做出土地的详细规划。

四、动态平衡原则

土地本来就是天然物质资源，投入经济或社会生产活动中，形成社会生产需要的物质条件，为保障国民经济各部分的健康和谐发展，在客观上需要供给大量适宜使用的土地，而用地数量相对地说是个常量，土地利用在计划时要符合国民经济各部分的用地特点，使在计划范围内用地数量达到均衡，并科学合理地进行部分土地之间的分摊与再配置，以达到土地数量动态平衡。

在现代制度中，土地平衡虽然是一个全局性的课题，但并非人们的想法，只是客观需要。在新中国建立后的很长一段时间内，整个国土都陷入了无人问津的局面，忽略了土地利用的整体协调关系。耕地是一种自然资源和国家资产，应该列入整个国民经济的平衡系统当中。土地综合平衡同群众日常生活和基本建设息息相关，是搞好综合平衡事业的起点和归宿。

土地综合平衡指在社会主义国民经济领域中农村土地利用的宏观经济动态均衡，它要求经济社会对土地的总需要与经济社会所能提供使用的土地总供应相互保持平衡。土地综合平衡受制于经济社会的整体均衡，是它对土地利用领域发展的具体反映，这就是说，土地综合平衡是指由于人类经济社会的持续增长而所达到的一个均衡状态，与人类经济社会的整体均衡发展同步进行。

动态平衡理论要求在经济计算中，在研究过去已摸清情况的基础上，通过预测在规划阶段的新增长的土地资源总量和用地供应量，对供需双方的数量反复平均。一方面按照新规划阶段确定的投入和消费要求来预测土地新需求的总量，另一方面根据对土地发展的节约程度以及改变土地利用方式，通过增加其产量来预测新土地资源可供应的总量，直到两方面平均。制订计划必须不断均匀，实施规划也必须继续加以不断均匀，在这个基础上说，综合平均是动态的均匀，公平是相对而言的，不均衡是绝对的，这样周而复始，直至无穷无尽。

保证人民对耕地的总需要是做好土地综合平衡的基础。本着一要吃饭、二要发展的方向，在一定生产力条件下应确定所需的农村土地利用总量，关键在于严格限制所需要占用的耕地面积。适当地处理好以下各项比例关系，即国民经济结构与土地利用结构、农村用地与城市建设用地、农村生产用地与各类耕地面积、城市城乡建设用地与各类耕地面积之间的比例。

均衡关系通常表示为比较平衡关系。因为均衡是按比例的，按比例也就是均衡了，所以，均衡关系又可以叫作均衡与比较关系。土地利用中的均衡概念，按其区域又可分成国家均衡、地方均衡和综合平衡等；按其特点，又可分成单个用地平衡和整体用地平衡。由于单个用地平衡和整体用地平衡相互之间存在着紧密的内在联系，整体均衡必须以单个均衡为依据，而单个均衡又必须以整体均衡为指导。

土地资源平衡，是国民经济生存与发展的基础必要条件。唯有土地供给平衡，国民经济才能顺利发展，否则发展就要受到阻碍。如前所述一切平衡都只是相对的和暂时的。随着国民经济的发展和科学技术的进步，土地供需也会出现不平衡，需要进行调节，使其在新的条件下达到新的平衡，以保证国民经济在新的土地资源平衡中顺利地向前发展。为了做好土地综合平衡工作，一要做好国家土地利用规划的整体协调，按照必需和可能，确定国民经济各部分的平衡和发展方向，二要对规划实施阶段的管理和调整，因此，需要及时提供准确、完整、正确的统计资料，做好国家土地综合平衡的统计分析工作。

第五节 土地规划对社会环境的影响评价

一、土地规划的环境影响评价分析

（1）什么样的环境对什么样的土地规划非常重要，涉及各种各样的问题，让人不得不深入思考，各个要素之间存在的相互联系，所以，什么样的土地采用什么样的土地规划尤其重要，层次分析法较为科学、合理。对各个环境影响因素进行综合分析，对环境指标进行研究，确定土地规划对环境的影响程度，以此为依据，制订合理的土地规划方案。

（2）土地规划分化层次很明显，土地规划采用层次分析法，进行分层次研究，做出科学准确的判断，结合现在科学技术进行实际操作，从而得出准确的评价指标权重。更加完善了我国的土地规划的层次。

（3）对土地规划方案的环境影响进行综合评价，在土地规划方案的环境影响评价中，主要采用加权比较法，对土地规划方案进行统一的评价标准，把土地规划方案各个环节对环境的实际影响进行综合性研究、分级评价，对每个方案进行比较，选出最佳土地规划方案，以减少对环境产生不良影响，做出精准的判断。

二、中国土地利用规划环境的基本构想

（一）土地利用规划的环境评价分类与作用

土地利用规划分得比较细致，也较为全面，有总体针对这个项目的，有专门负责这个项目的，也有对土地规划、环境评价进行细致评估的，总的来说分类还是比较全面的，也满足我国土地规划对人民的需求，总体土地规划对土地的需求较为严格，它的整个体制比较完善，值得我们深入发展，而作为总体规划设计将成为我们为之奋斗的目标，专门负责这个项目和对环境评估、土地规划设计等，都将进入深层发展，各个环节，我们都应跟进，确保我们实施的每一个项目都能得到好的评价，为人们送去温暖，所以必须对土地进行一系列的整顿，满足因地制宜、各方面协调发展、社会经济生态化、开展土地利用工程设计的原则，事实上也是开展规划环境评价的原则，所以对土地规划来说既是一种责任也是一种保障。

（二）土地利用总体规划的环境评价

中国目前已经在土地规划方面，加大了投入，加大了土地利用总体规划，国家对贯彻土地资源格外珍惜，并且把对土地规划的珍惜落到实处，起到基本的落实，同时作为执法的依据，土地规划影响着每一个城市的发展，已经成为全民的问题了，做好这个项目，将为人们带来不可预想的体验，因此在实施这些项目之前，一定要做好一系列准备，不能盲目前行，给土地规划带去不可预想的灾难，虽然目前仍然存在一些不可解决的困难，但只要我们齐心协力，努力克服，一定能找出问题，并解决问题，目前有些项目正在进行，根据预测的结果，进行细致评估，以达到完美预期，造福人类。

关于其他的方案和一些准备就绪工作，还在筹划中，相信我们的土地规划会更加符合人类的发展需要。

学者卞正富论土地规划的环境影响评价中认为土地规划设计对人们的影响极大，应加大对土地规划的发展，如土地规划设计的目标、方向等都特别重要，需要做出精确的判

断，使其有一个坚定的正确方向，让其发展，并一直监督着，直至项目完成，土地区域规划发展对一个城市来说特别重要，对土地规划设计和环境评价尤其重要。城市土地规划区域可以作为社会经济发展的基础，应该更为注重，如城市化水平、产业结构调整的环境评价等，在此基础上，结合区域内人口状况，土地资源类型、分布、质量状况对土地利用总体规划目标与方针进行评价。城市土地规划作为重要发展的基础，充分准备，不可缺少，应该严格要求，达到人们对土地规划设计的基本目标，其中土地规划设计环境评价也要关注，可根据不同的环境检测做出不同的解决方案，例如水质的检测、环境的勘察、地质的质检等，土地规划环境评价也非常重要，对于此种检查一定要细致，必须符合国家政策的标准。

三、土地利用专项规划的环境评价与土地利用项目规划的环境评价

土地利用的专门负责项目是指保护农民的土地安全，土地规划的一系列整顿，城市区域规划社会经济发展，等等。土地规划专门负责项目对土地规划的实现很是重要，其中某些项目与相关土地规划环境评价有一些联系，如一个区域的开发，或者一个城市的规划，都需要合理的设计，专项规划已达到最完美的预期，这就是专项规划的重要性。由此看出土地利用专项规划可分为两类：一类是土地规划由某些部分生态环境组成，另一类是土地规划设计与生态规划相互联系。第二类有着很大的作用。关乎着城市总体专项规划的研究，但是不论哪一类专项规划，环境评价在这些项目环节中，都起着举足轻重的作用，对实施也存在必要的实践性，尤其是规划对象本身的特点应有区别地进行环境评价，如土地开发整理专项规划的对象是后备耕地资源，如果要对一个村庄进行规划。应该着手调查这个村庄的一切资料，为这个村庄的规划做出初步的判定，对整理后的村庄规划产生的环境后果进行评价，包括各个方面，道路的修整，废弃物的排放和回收，水电煤气的适用性，等等。土地利用项目规划是经常性规划，通常与土地利用工程详细设计联系在一起，土地周遭的环境问题也很重要，土地规划的东西必须根据当地的环境条件因地制宜，协调发展，适应当地的气候，社会经济生态平衡对我国的环境问题起着至关重要的作用，环境好了，土地自然会好，改善土地环境问题并不是一下就能解决好的，需要一朝一夕的协调发展，我们应该爱护环境，保护我们的土地，土地和环境的协调发展，从自我做起。

我国的土地规划环境影响评价已经正式开展，并且有好的发展，虽然现在我国土地规划不是很完整，但是我们这代人应加倍努力让其变得更加优秀，土地规划环境评价有些地方还有待改进，所以，我们必须对其进行深入分析探讨，提出有效措施对其进行优化。

第四章　土地利用总体规划

第一节　土地利用总体规划概述

一、土地利用总体规划的概念

土地利用总体规划是指在特定的规划范围内，按照本地自然资源与经济社会发展状况及其对国民经济建设的需要，统筹土地总供给和总需求，研究制定改变全国土地利用格局与城市土地格局的宏观经济层面规划政策。土地利用总体规划是由地方各级政府统一制定的，其宗旨是制定并改变全国土地利用布局和土地格局，它的主要功能是宏观调控和平衡不同的土地。

土地利用总体规划的实质是对总量有限的国土资源，在国民经济领域之间的空间配置，即国土资源的各个部门之间的地理时空配置（规模、品质、区位），并具体依靠土地利用组织予以实施，所以调整农村土地利用空间结构与产业布局是国家土地利用总体规划的核心。

二、土地利用总体规划的特点

土地利用总体规划具有整体性、长期性和控制性。

（一）整体性

土地利用总体规划的研究对象是规划范围内的所有用地自然资源，而不是某一项土地自然资源，在整体规划时要全面考察用地自然资源的整体配置情况，并将时期框架、空间结构、生产方式以及对用地的开拓、使用、整治与维护等进行了统筹安排与总体布置。综合各部门对用地条件的要求，统筹部门用地问题，调整土地利用结构和土地利用方法，使其适应国民和社会的建设目标，促进社会主义国民经济长期、高速率、全方位增长。

（二）长期性

土地利用总体规划一般以十几年甚至更长的时间为时段，要同土地利用有关的重大国民经济事件与社会（如工业发展、城镇化、农业、旅游发展各项事业的蓬勃发展，国内商业的蓬勃发展和居民增加等）紧密联系，对土地利用状况进行远景预见，提出更长期的土地利用方向、政策与举措，并以之为中、短期土地利用规划的基石。

（三）控制性

土地利用总体规划的控制性主要体现在以下两个方面：从纵向角度看，下一级的农村土地利用总体规划直接接受上一级农村土地利用总体规划的引导与管理。下一级土地利用总体规划同时也是对上一级土地利用总体规划的反馈，这是按行政区划分类的规划制度，在全县区域内建立一种有机联系的土地利用总体规划制度。从横向角度来看，一个地区的国土使用总体规划，对本地区内国民经济各部分的国土使用，起着宏观控制作用。

三、土地利用总体规划的任务

编制土地利用总体规划是我国现阶段土地管理的重要任务之一。土地利用总体规划作为国家措施，其任务可概括为以下两个方面：

（一）土地利用的宏观调控

为提高我国对土地利用的宏观管理，需要形成一种土地利用的经济学制度，包括土地规划制度、土地信息系统制度。土地利用总体规划原则是土地使用市场经济学制度的主要基础，是对土地利用宏观调节的主要基础。通过我国的土地利用市场总体规划，统筹国民经济中各部分的土地利用情况，形成符合国民经济、社会和市场发展要求的、科学合理的土地利用格局，合理配置土地资源，有效合理地使用土地资源，减少对国土资源的浪费。

（二）土地利用的合理组织

我国将通过国家土地资源开发与使用工程建设的总体规划，从空间上对各种土地加以科学合理布置，如对农村土地（如农、林、牧、水产土地）和工程建设土地（如城镇居民点、工矿、交通运输和水利工程基础设施土地等）及其自然资源保护地、风景游览区等专用土地的科学合理布置，同时对后备土地资源潜力加以综合分析与研究，提出具体的配套优惠政策，并采取边发展使用边维护的方针，以指导对土地的科学合理发展、使用、整改与维护，确保全面、有效合理、科学、高效的使用有限的土地资源，并避免对土地的盲目开发使用。

四、土地利用总体规划的内容

土地利用总体规划涵盖范围广泛，内涵丰富，但各个层面不同区域的土地利用总体规划因为地域不同和层次差异，其侧重范围和内涵深度也有所不同。比如全国范围和全省土地利用总体规划重点就是统筹整体性的重大土地问题，明确指出了各个类型的土地利用方针、政策的重大变化，因地制宜地合理分配了土地保有量和相关管理目标；市（地）区级土地利用总体规划按照省规划的管理方法和原则，主要明确了中央城市的土地数量和范围，把土地保有量的调控目标明确划分给了市区政府，县级土地利用总体规划主要明确了耕地、土地环境的整治和城乡建设用地的数量与布局，明确划分了各项土地利用范围，为有效使用耕地和批准的各项土地利用建设项目提供了依据。乡镇土地利用总体规划，着重安排好耕地、生态环境保护用地以及其他基础产业、生活设施用地，明确了乡村建设用地范围和土地整理、复垦、再开发的利用方式和规模以及范围。乡级规划重在位置与执行，并以城市规划图为先，增强了城市规划的操作性。但一般而言，土地利用总体规划主要涉及以下几个方面的内容。

（一）土地利用现状分析

通过土地利用现状分析和评价，提供土地利用的基础数据，分析土地利用现状结构和布局，找出土地利用变化的规律，在此基础上归纳土地利用现状分析中反映出的土地利用特点和土地利用问题，分析规划期间可能出现的各种影响因素，分清轻重缓急，提出规划要重点解决的土地利用问题。

（二）土地供给量预测

科学地评价土地质量是编制好土地利用总体规划的基础，在编制规划时应当充分运用土地质量评价资料。在土地质量评价基础上，对区域建设用地（城镇、水利、交通、特殊用地等）的利用潜力和农业用地（耕地、园地、林地、牧草地、水面）的利用潜力进行测算。同时对未利用土地的分布、类型、面积进行分析，评价未利用土地适宜开发利用的方向和数量。

（三）土地需求量预测

依据区域国民经济发展指标，土地资源数量、质量、自然和社会经济条件，由各用地部门提交规划期间用地变化预测报告和用地分布图，并对预测进行必要的分析和校核，对区域建设用地需求量和农业用地需求量进行具体预测。

（四）确定规划目标和任务

在土地利用现状分析和土地供需预测的基础上，拟定规划的主要任务、目标和基本方针。

（五）土地利用结构与布局调整

按照建设规划宗旨和合理使用原则，对各种土地资源的供给量与需求量加以整体协调，并按照国土的合理使用调配原则以及土地利用改善规划和生产力布局调控的要求、方式，合理配置各种土地资源，并调节工业用地构成与布置。统筹组织协调土地开拓、使用、维护、整理等工作，研究提出国家重大工程耕地布置计划，土地整理、土地复垦和综合国土开发计划，以及区域工业用地结构调整计划。按照不同土地开发利用的调控指标和规划分区，根据辖区土地利用情况、国土资源潜力以及经济社会发展需要，在与各区域计划衔接的基础上，研究分配落实下一级计划中各项地块的控制性指标，为制订下一级计划提供了重要依据。

（六）土地利用分区

采取将土地利用划分原则和土地利用控制指标相结合的方式，将对规划总体目标、内涵、土地利用结构和产业布局的调控以及落实的各项措施，统一落实到土地利用分区，促进了规划的有效执行。通过省级以上区域规划的土地用途划分，明确指出了各区土地利用的基本特点、结构和今后利用的发展走向，以及进一步提升土地利用率的主要举措。县以下的土地利用分区，提出土地利用的具体用途，并制定了各分区土地利用管理规定。市（地）级的规划分区可根据情况，按照省或县级城市规划的要求实施。

（七）制定实施规划的措施

土地利用总体计划是一个有战略意义的但也十分艰巨复杂的计划，为了实现这一计划，需要有具体的优惠政策作为保证，土地利用总体计划中必须按照实现土地利用计划和调整土地利用布局的需要，制定具体的执行方针和方法，包括法律、管理、教育和科技政策等。土地利用总体规划得到批复后，即产生法律效力，相关单位应该认真执行，必须将当年土地利用计划列入地方发展规划之中，如此才能确保计划的顺利完成并严格执行。

五、土地利用总体规划的程序

土地利用总体规划与其他各项土地利用规划一样，在不同层次的规划之间，有着先后次序。就全国范围来讲，在正常的工作秩序下，应该是全国土地利用总体规划先于省级土地利用总体规划，省级土地利用总体规划先于地（市）级土地利用总体规划，地（市）级土地利用总体规划先于县（市）级土地利用总体规划。

土地利用总体规划的编制主要经过准备、编制和审批三个阶段。

（一）准备工作阶段

1.组织准备

组织准备主要任务是形成土地利用规划的领导组织和业务班子，具体内容有：

（1）成立规划领导小组，主要职责是：研究确定工作计划；协调各部门关系；研究解决规划中的重大问题；审查规划方案。

（2）成立规划工作组，负责规划的具体编制工作。

2.制订工作计划

制订工作计划包括规划指导思想、工作内容、步骤与方法、工作人员组成与分工、工作经费等。

3.制订技术方案

制订技术方案包括规划依据、规划内容与方法、技术路线、成果要求等。

4.收集资料

资料收集是开展规划的最主要的技术准备。编制土地利用总体规划一般需要收集以下资料：

（1）社会经济资料

社会经济资料具体包括：①自然条件包括气候、地貌、土地、水文、自然灾害等；②资源状况包括矿产资源、生物资源、景观资源等；③人口资料包括历年总人口、人口自然增长、人口机械增长、非农业人口、流动人口、暂住人口等；④经济发展资料包括历年国内生产总值、固定资产投资、产业结构等；⑤城乡建设及基础设施状况；⑥主要产业发展状况；⑦农业普查资料；⑧生态环境状况；⑨县域历史资料等。

（2）土地资源与土地利用资料

土地资源与土地利用资料有：①土地利用现状调查资料包括数据、图件和报告；②土地利用变更调查资料包括数据、图件和报告；③历年土地统计资料；④历次非农业建设用地清查资料；⑤待开发土地资源调查及其他专项用地调查资料；⑥土地评价及土地分级资料等。

（3）有关土地利用的规划资料

有关土地利用的规划资料有：①国民经济和社会发展规划；②上一级土地利用总体规划资料；③上一次土地利用总体规划资料；④土地利用专项规划资料；⑤国土规划、县域规划、城镇规划、村镇规划、开发区规划、农业区划、农业综合开发规划及林业、交通、水利等各专业部门涉及土地利用的规划资料等。

（二）方案编制阶段

1.土地利用现状评价与土地供需预测

规划的前期研究主要有两个方面内容：一是对规划区域的土地资源、土地利用状况进行评价；二是对土地供需量进行预测，它们都是编制规划必不可少的依据。

土地资源评价是确定合理的土地利用结构的客观依据，其主要内容为土地适宜性评价和后备资源评估。进行城镇土地利用规划时还要进行土地经济评价，在进行土地适宜性评价时，不仅要评价土地资源适宜的利用方式，还要评价其对不同利用方式的适宜程度。同时，要对与土地利用有关的其他自然资源进行评价，以全面确定土地利用的限制因素。规划前已开展土地评价的地区，规划时可直接应用已有成果。

土地后备资源的评估是对那些尚未开发利用的土地，如工矿、道路、废弃地、空隙地等的开发利用潜力、利用方向、开发改良措施等进行研究。开发后备资源是土地利用的"开源节流"原则中"开源"的主要内容，是提高土地利用率的主要手段。

土地利用现状分析评价，是通过对土地利用结构和布局、土地利用率、土地生产率、土地利用的生态效益、社会效益等分析评价，总结土地利用的经验教训、土地利用变化规律，发现土地利用中存在的问题，是进行土地利用结构和布局调整的依据。

土地利用潜力分析就是要预测规划地区在规划期内的土地利用，主要是建设用地和农用地的利用潜力，测算各类土地供给量和未利用土地的开发潜力。这是确定农用地和建设用地的数量及调整用地布局的依据之一。土地需求量预测是通过对人口预测、未来农业用地需求量、建设用地需求量的预测来发现未来土地利用的要求和趋势。

本阶段工作结束以后，要提交以下阶段成果资料：①土地评价成果。包括图件和文件。②土地利用现状述评。包括规划地区基本情况概述，土地利用现状，在土地利用现状中存在的问题，关于调整土地利用结构、提高土地利用综合效益的建议等。③土地供给量预测、土地需求量预测等专题研究成果。

2.土地供需平衡分析

土地供需状况是确定土地利用目标的主要依据。土地供需平衡分析，是在土地利用现状及潜力分析、土地适宜性评价、土地需求量预测的基础上，计算各类用地预期供给量和需求量，通过供给量和需求量之间的比较，从总体上分析各类用地的供需状况。可见，土地供需平衡分析的关键，是计算各类用地预期的供给量和需求量。

我国土地资源的绝对数量大，相对数量小，各类用地供不应求的状况长期存在。由上述计算过程还可看出，各类用地的供给量和需求量是相互关联、彼此制约的，一类用地需求面积的增加势必导致另一类用地供给面积的减少。规划中必须搞好各用地部门的协调工作，强调各类生产和建设要尽可能地节约用地，保证重要用地的供给。

3.确定土地利用目标与基本方针

明确了规划需要解决的土地利用问题，掌握了土地供需的总体状况，即可以着手拟定土地利用目标，在拟定目标的过程中还要注意做好"两个估计"和"两个协调"。"两个估计"：一是对规划期内土地利用问题所能解决程度的估计；二是对实施规划所能取得的社会、经济、生态效益的估计。这两个估计必须建立在对主客观条件进行充分分析、论证的基础上。"两个协调"，一是与上级规划目标、指标的协调；二是与本地区社会经济发展计划的协调，做好这两个协调是实现土地利用目标的保证。

4.编制供选方案

土地利用目标和战略确定后，即可根据目标和战略要求，选择规划项目，确定优化土地利用系统的基本原则，进行关键规划项目的重点研究，设计供选方案。

土地利用总体规划主要是完成土地利用控制目标的确定、土地利用分区、重点工程项目布局及用地概算、拟定土地利用的基本原则和规划实施政策等规划项目。其中土地利用目标的确定是规划的关键项目，尤其是农业用地指标和建设用地指标、耕地指标等，规划中应重点研究，反复协调。

供选方案至少应有三个。方案设计有两种方法：一是综合平衡法，二是数学方法。综合平衡法是以各用地部门的具体要求为基础，结合土地利用规划方案的有关要求，进行土地利用结构的综合平衡，并在此基础上，确定土地利用总体规划方案。数学方法是用数学模型来模拟土地利用活动和其他社会活动的关系，借助计算机技术，得到多种可供选择的解式，揭示土地利用系统对各种政策、措施的反映，从而得出各种规划方案。

5.供选方案择优

由于考虑问题的角度不同，各种供选方案效益和特点也不同。择优时要对各种供选方案全面评价，对比优选，选择效益较好、最有可能实施的方案作为规划方案。规划方案确定之后，要组织有关部门进行论证和协调。

6.编制规划成果

资料规划方案选定之后，即可编制规划成果，可先编制草稿，经过有关部门、地方政府和专家的评审、审议并修改后，形成规划送审稿等文件和图件资料。

（三）规划审批阶段

1.土地利用总体规划成果评审

为了保证规划成果质量，应规定相应的成果质量评定标准和建立成果验收制度，并由上级土地管理部门组织规划成果评审小组对规划成果进行评审。规划成果评审小组对被评审的规划成果应做出结论，符合条件的应评为合格，对规划成果不合格的或部分不合格的，评审小组应提出纠正、修改或补充的具体意见。

2.土地利用总体规划的审批

土地利用总体规划审批是对土地利用总体规划成果的确认阶段，由同级人民政府组织技术鉴定后，提请规划领导小组审批，然后由同级人民政府审议，审议修正后由同级人民政府行文上报有权审批的上级人民政府审批，并报给上一级土地行政管理部门备案。

第二节 基于生态理念的土地利用总体规划思考

土地是人们生产与生活不能缺少的物质，也是人们赖以生存的生态系统。但是人们的土地利用行为导致了土地资源的巨大破坏与损害，土地利用不当使用带来的问题危害着人们的健康。正确处理土地利用规划中的环境目标与经济目标的关系问题，是土地资源规划研究的一个主要内涵。为达到整体环境目标与经济资源的最大化，在土地资源规划过程中应当充分考虑二者的彼此推动、相互依托机制，以推动整体经济效益与生态效益同时提升，从而达到整体经济效益与生态效益的一致目标，既推动整体经济增长，又在经济增长中维护自然环境，实现了改善总体环境、经济效益的目的。

一、土地规划与生态环境

土地利用的环境经济计划要同时兼顾科技、经济与法规；保护与提高生产率；降低生产损失；保护资源的潜力和避免土地与自然环境的退化；国民经济的合理与社会的接受要求，将土地生态计划与国民经济计划实施有机融合，达到环境目标与国民经济总体目标的协调一致。

土地环境经济方案应强调经济、社会、环境三个社会效益的整合以及近期与远景价值的整合。强调土地资源利用的连续性，即根据环境与经济发展的需要，做好国土环境经济建设工作，既要注重经济规律，也要遵守环境法则，对经济发展不能一味地讲求效益，不仅要适应人类社会对基本发展规律和条件的需要，还要克服短期行为，防止人类对国土自然资源的掠夺式开发。强调对国土自然资源使用的集约性，对国土自然资源的使用应当充分考虑其使用的集约性，必须贯彻"在利用中保护和在保护中利用"的原则，将使用与保存国土自然资源紧密结合起来。

二、生态环境与经济效益

土地资源规划要在保证耕地生态系统保持平衡的情况下，使生态、经济和效益得以共同改善。国土资源使用计划应满足生态建设、国民经济、社会整体开发目标，在利用国土资源的过程中，应做到保护国土资源生态平衡，满足人类国民经济、社会开发目标的均衡性，达到国土生态系统的国民经济与社会开发总体目标。

土地资源生态有了自己的投资输出链，整个体系的物质流、能量流、信息化、人流、社会价值流等才能顺利运行，才能使土地的自然生态系统综合功效良好。良好的土地资源生态也具备了相应的自我协调能力，土地生态是由生产商、消费者和偿还者等有机体构成，在人类利用土地资源环境的活动中，土地生态经营体系的生产商、消费者和偿还者的作用也是由人工过程构成，三者相互控制、协调，从而产生了反馈调解的机制，以达到土地资源环境的长期稳定和可继续使用。

在土地生产与使用活动中，环境利益和经济效益之间的冲突总是出现，问题主要集中在经济效益与环境安全方面，因为土地生态系统都有自身的基本构造与特点，唯有土地生态系统的正常运行并保持稳定，作为国民经济发展的基础功能才能够得到有效体现与发展，如果在土地系统的结构上发生了破坏或基础功能上的失灵，以致破坏环境。所以在人们运用土地建设生态经营系统中，必须加以积极地开发利用、节约使用、充分利用土地，防止人们消极滥用和浪费土地资源。在土地资源规划中，必须以保证土地生态系统的长期稳定发展为基础。在系统规划设计中，经济安全性和环境安全性构成了长期使用的统一体，实现局部利益与整体利益、目前利润与长期效益的结合，即经济效益与环境安全选择正确，这样投资效益与环境安全就会有所保证。

三、生态目标与经济目标协调统一

人们不断开发土地自然资源以适应人类日益提高的物质精神生活需要，由此导致对自然界的生态平衡的严重损害，而这主要是由人类在发展的进程中，只注重经济利益，而忽略了环境利益导致的。因此，应引起社会各界的高度重视，不能一味消耗自然资源和谋求高经济增速的发展方式，而应该重新反思并仔细探讨环境目标和经济目标的统一，推动以社会效益、经济效益和生态效益为共同提高的经济增长策略，保持与土地及自然生态体系的平衡。

土地自然生态体系作为社会经营再生产的自然要素，人们在土地生态建设经营规划中，要重视土地与自然生态体系要素之间的物质循环、能源流转等规律，让社会经营生产活动有良好的自然生态环境条件，并遵循土地资源的天然属性，这样土地生产力才能得到更好的保护与发展，从而不断提升生态建设效果，更好地完成经营发展目标。而经济性目标则是对完成生态建设总体目标的保证，随着经济性的增加，才能为提升生态建设效果、完成生态建设总体目标提供资本、技能与物力保证，进而确保生态建设总体目标的完成。生态建设目标与经济目标之间能够互相转化、促进，在土地利用工作过程中，将经济社会提高效益与生态效益有机结合，力求使两种经济社会目标实现最大化，使经济性与生态效益互补，达到经济性与生态效益的统一发展目标，既推动了经济社会进步，也保护了资源与环境。经过生态建设目标的实现，为完成经济目标提供了环境保障，由于经济目标的完成，为生态建设总体目标的完成提供了物质基础。

四、依法保障土地规划与生态环境的统一性

土地利用变化是人们行为影响于环境和自然资源的一个很重要的表现，自然界存在诸多生态环境现象的深层根源均与土地资源开发利用相关。为了实现二者统筹兼顾、相互促进、和谐发展，有必要通过立法维护国土生态平衡制度。就是在开发利用土地规划活动中，通过调节和规范各领域的国土开发、使用与生态环境的关系，通过立法强制和明确权利当事人在国土挖掘与使用维护行为中的权利与义务，将国土开发、使用与维护纳入法治化轨道。

为了避免土地上生态资源保护的弊端，在土地资源规划中应当改革土地资源开发利用的方案，依法出台相关产业化政策措施，进一步转换经济发展方式，优化土地资源开发利用结构，在整体的产业结构上实行综合性管理，调整行业科技优惠政策和产业布局政策，从总体管理上实行综合性管理，向规模集约的新产业过渡，促进发展集约化的新技术项目。在土地规划中，不但要调节土地整体资源的平衡，还要加强对自然环境的调节功能，从调整资源利用上实施综合性管理，确保生态环境在土地资源规划中的有效管理和调节功能。

五、总体规划要遵循生态理念原则

（一）进行统筹规划

当前，尽管中国土地资源充足，但由于开发利用程度不够，还不能形成整体性的大

规模，且土地利用发展观念相对滞后，直接影响到了中国土地的资源利用。因此，做好土地资源规划后，就必须按照用地不同，进行统筹安排，从用地来源看，将土地资源分为未被使用土地资源、城市建设用地资源和农业土地资源，必须充分考虑用地的规模大小和多少，合理供给，保障使用，预留出未来开发用地，必须做好统筹规划和设计，尤其是对城市东西交界处用地资源进行了合理设计，避免因城市的建设而改变土地生态平衡的问题，充分保障了用地来源的更多样化，合理地进行城市开发性建设。

（二）注意对环境保护

新时代，人类社会越来越重视环保问题，由于生态理念影响，需要对国土资源进行合理利用，国家土地资源开发利用总体规划一定要重视对自然环境的合理维护，才能够形成可持续发展，从而防止人们用环保换取经济发展的误区，在做好国家国土资源规划工作时，既不可忽视国土资源总量，更不可随意降低规划质量，要全面地对周围的自然环境加以分析，科学统筹，合理设计，确保国土周围自然环境有效修复，搞好环保工作才可以更好地开发国土资源，防止由于人们的生产生活损害周围环境，造成环境污染问题，在国土开发利用的过程中，落实可持续发展理念，才是当前的关键。

（三）始终满足人的需求

土地开发的使用不可盲目，它与城市本地的发展情况密切相关，而一座城市的开发，也需要人们的积极参与。所以，在进行用地的发展计划时，必须顾及人们的经济事业和日常生活，以发挥好土地的积极作用，避免土地浪费的情况发生。土地资源规划管理，其最根本的目的是推动人的发展与社会进步，并经过对土地的合理利用，有效提高人民生活质量。在做好土地资源规划管理时，就一定要从自然原则上，兼顾社会发展环境的要求，按照人的需求，加以科学合理的开发和使用，以实现土地用地的最大价值。

六、基于生态理念开展土地总体规划

（一）对环境影响进行评价

土地资源的合理开发和使用，必须基于生态理念条件下全面展开，借助生态评价制度的参与，合理进行国土资源开发利用总体规划管理工作，也可以讲，国土资源的发展离不开经济和环境保护的关系，要注意经济发展带给环境保护的巨大影响，借助科学合理的评价制度参与，维护国土资源的合理性。资源开发利用要尽量把对自然环境影响减至最小，防止给自然环境带来无谓的污染与损害，可以建立长效引导制度，确保国土科学规划，并在法规框架下，进行环境影响评价工作，以便科学合理利用国土资源，促进经济社会发展和城市化建设。

（二）对规划区域生态安全评价

随着时代的进步和观念的更新，国家越来越关注环境保护事业，因此，实施国土资源发展计划前，必须对周围的自然资源环境进行评估。最近几年，国家实施了许多环境保护项目，期望能够通过整体能力的提高，促进社会和国民经济的平稳发展，在合理的环境政策指导下，民众环境安全意识得以增强，越来越引起整个社会的重视。国家出台的相关环境保护政策，对环境安全做出合理保护，解决环境问题，保障国土资源合理规划和使用。所以，各级人民政府和建设单位在对国土实施开发利用前，必须先进行总体规划评价工作，进而判断被规划地区环境安全水平能否满足总体需求，在合理保障用地规模的同时，搞好环境安全管理工作，将环境保护任务落在物流建设上，这样才能使整个建设投入下降到最低点，对环境的冲击较小，实现地区的持续、平衡发展。对被规划地区环境安全水平进行评估，要全面兼顾环境、经济、社会三个相关要素，实现平衡发展。

（三）对规划区域生态足迹进行分析

人类行为对环境必将造成危害，在土地规划中，必须对人们的自然足迹加以科学分析，经过合理的计算，进一步提高土地利用。环境调查重点是在这一地区范围内对自然资源利用状况及其对废旧材料使用条件的破坏情况。这是局部区域规划，针对局部现状，延伸至其他区域，确保总体条件有所提升。充分考虑这一区域的人口数量、地区发展水平、环境损害水平，并按照环境足迹，合理有效地进行区域评价，确保地区环境比较均衡，实现永续发展，按照环境理念进行土地开发总体控制措施。

（四）了解土地资源生态特点

城市化发展中需要巨大的土地资源，在进行土地资源利用过程中，就必须对周围的自然环境加以认识和掌握，合理规划，科学设计，确保城市化发展与生态平衡的综合协调性。在城市规划过程中，一定要综合考量所有环境影响因素，所利用的土地资源，所处地理环境十分关键，如果脱离实际，任意建设，危害到当地自然环境。要充分考虑被建设地段所处地形地势、天气降水、附近是不是有丰富的水源等，经过对这种状况的正确把握，合理规划。对当前土地资源如何使用，发挥出用地的最大价值。在城市规划发展中需要对土地资源做出科学评价，而所有的土地资源规划工作开展都需要以生态建设为前提才能推动，形成永续发展，如果偏离了生态建设的科学规划，必然产生大量的生态问题，不利于地方经济社会发展，更会影响人类社会的发展进步。

（五）明确思路对土地进行科学规划

土地规划是由专门的技术人员实施，利用现代信息化的技术手段，在掌握所规划的地区状况，开展土地总体使用计划之后，再做出合理的方案规划，科学合理地利用好每一寸土地，从而克服城市用地缺陷，避免土地资源浪费问题。一是综合原理。土地规划必要的时候有合理思路才能规划，全面地进行调查分析，以确保所进行的计划是合理可行的、科学的。二是环境基础。合理科学的计划原则是确保土地资源合理利用的重要基础，因此必须创新思想，引入先进观念，在环境原则前提下，对土地进行科学规划，并建立系统的土地开发利用方法，通过规划，促进土地资源的合理使用。三是社会意义。在对地块做出全面的评估，对潜在资源做充分考虑，做出整体方案设计和策划后，要充分考虑地块后期的寿命，能充分利用市场发展引导因素，充分考虑地块资源的升值能力，推测地块开发的优点与缺点，如此，可以大大提高回报率，促进经济的开发。

（六）依据标准对生态环境质量进行评价

在建立环境观念前提下，对土地资源利用做好规划设计，如此才能充分发挥出最佳土地资源使用效益，从而形成农业永续发展的基本目标。建设时，必须通过环境影响评估，确保地块内所处环境生态系统不被破坏，能够在规定时期内实现最快速的自我恢复，并全面掌握好区域动物和植被的存在状况和数量，充分考虑突发自然灾害频率，通过环境生态评估，以实现后续利用。

土地资源是最重要的资源，在开发与使用过程中，必须合理统筹，合理规划，通过对区域用地条件的有效控制，确保城市生态环境健康和谐的发展，并实施在规划建设中，按照生态原则对土地资源加以合理开发与利用，不断创新环境、改变土地开发利用不足的现状，促进城市的健康和经济社会全面发展。

第五章　土地利用的专项规划

第一节　土地利用专项规划概述

一、土地利用专项规划的定义

土地利用专项规划是单项用地的利用规划或为解决土地的开发、利用、整治、保护某一单项问题而进行的规划，如土地开发规划、土地整理规划、基本农田保护规划等。

土地利用专项规划是在土地利用总体规划的框架控制下，对土地开发利用、整治和保护的某一专门问题而进行的规划，是对土地利用总体规划的补充和深化。

二、土地利用专项规划的内容

（一）土地开发规划

1.土地开发规划的定义

是以土地开发为核心内容的规划。土地开发是指人类通过采取工程措施、生物措施和技术措施等，使各种未利用的土地资源，如荒山、荒地、荒滩等投入经营与利用；或使土地利用由一种利用状态变为另一种状态的开发活动，如将农地开发为城市建设用地。

土地开发规划通常分为农用地开发规划和城镇土地开发规划。

2.土地开发规划的任务

土地开发规划的总任务是使一切能利用的土地全部得到合理利用，使土地生产力和利用率得到充分发挥。具体包括以下几方面任务：

（1）确定土地开发的目标和方向

编制土地开发规划要在对待开发土地的自然、社会、经济条件进行分析评价及开发可行性研究的基础上，提出与待开发土地条件相适应的土地开发目标及开发方向，为土地开发决策及确定土地开发规划方案提供依据。

（2）制订土地开发规划方案，提出土地开发的具体措施

土地开发规划要合理确定待开发土地的利用结构和布局，各项工程设施的规划布局及开发资金、开发方式和开发速度等。

（3）提高土地利用率

土地利用率是反映土地利用程度的指标，是指已利用的土地面积占土地总面积的比例。提高土地利用率，一方面要加强对荒地、零星闲散地等后备土地资源的开发利用；另一方面要做好对被破坏了的土地的复垦工作。同时提高土地的农业利用率、垦殖指数和复种指数，严格控制非农业建设用地。对于城镇和农村建房，可通过旧城、旧村庄的改造，统一规划、合理布局，增加建筑层数等来解决用地紧张的矛盾，尽量少占或不占耕地。

（4）提高土地生产力

土地生产力一般用一定时期内（通常为一年）单位土地面积上产出的产品数量或产值来表示。一个地区土地生产力的高低，与土地自然条件（如土地、气候、地形等）及土地利用状况（如集约化程度、种植制度、利用方式等）有关。据统计，我国现有低产农田约占耕地总数的40%，通过规划，对这部分土地应增加投入，采用新品种、新技术及经济等措施，提高单位面积产量、变低产田为高产田。除农用地以外，非农业建设用地也应计算土地的产出率。

（5）通过规划，保护和改善生态环境

编制土地开发规划，注意把土地开发、利用、保护、治理有机地结合起来，在土地开发中保护生态环境，保护土地生态系统良性循环，保持土地长久的生产力，使土地达到永续利用的目标。

3.土地开发规划的原则

（1）优先发展农业原则

由我国国情所决定，人口多，耕地少，为了保持国民经济稳定健康发展，必须稳定农业基础地位，要求不仅保护农业用地，还要尽可能扩大农用地面积，对适宜于农业生产的用地应优先开发为农用地。

（2）依据土地利用总体规划原则

土地开发规划一方面必须参与土地利用总体规划中用地平衡调整，另一方面在效益方面必须与总体规划保持一致，而且土地开发规划的一些指标制定必须以总体规划为前提。

（3）生态优化原则

土地开发实际上是一个将自然生态系统转化为人工生态系统的过程，显然土地开发是一个打破土地固有状态的行为，对于生态环境，往往有牵一发而动全身的效果。因此土地

开发规划必须建立在获取良好生态环境的基础上，既要保护好固有的良好生态环境，又要改善生态环境条件。

（4）最佳利用原则

在开发能力许可的条件下，以最小的投入获取最大的产出，同时，尽可能挖掘潜在的面积和尽可能利用其优势。

（5）可行性原则

编制开发规划时必须先进行可行性分析论证。在调查勘测的基础上，从社会、经济、技术和生态等各方面论证待开发土地资源开发的可行性。

4.土地开发规划的类型与内容

从开发范围和性质分：综合性开发规划和项目开发规划。下列介绍其内容。

（1）综合性开发规划的内容

综合性开发规划，是对全国范围内土地资源经济发展的全方位体系的战略部署。它以国家土地利用总体规划中明确的土地开发利用指标为基础，综合考虑地方社会经济发展的实际需要、国土资源的形态特征和对土地资源开发利用的科技、资金要求等，明确区域土地资源开发利用的规模、位置、发展的先后顺序，并明确待开发利用土地资源的合理用途。

综合性开发规划的重点工作之一，就是进行好对农、林、牧、渔土地的合理开发利用。所以按照待开发利用地块的适合度来决定对地块的合理利用，是结合发展规划的一个根本特点。结合发展规划因其控制范围的不同，制定的要点也不同。而且，在省、地（市）区域内或跨区域制定的结合发展规划，宏观控制性较强，重要明确土地开发利用的区域，待开发利用地的使用方式，主要建设内容和经济发展方式等。而在县、乡级区域内制定的综合开发规划的目标则要具体、细致，并逐步明确待开发用地的分布、使用情况，和建设用地综合开发计划的具体制定方法、执行方案等。

总的来说，综合性开发规划的内涵大致分为以下几个部分：

第一，待开展土地的考察与评估。在对开发利用土地资源的自然环境和社会文化状况进行调查研究的基础上，研究土地的合理使用，研究地块开发利用的有利条件及其影响因子，确定待开发利用地块建设的难易度。

第二，土地项目的合理性分析。包括对土地开发利用中的生态平衡、效益、经济发展的手段、管理措施、投资状况等方面的可行性分析。

第三，明确了发展方向。土地开发利用效果指农村土地开发与利用过程所实现的综合效果，主要体现为土地开发使用的经济社会价值、经济性、环境综合效益，建设用地的总数量和不同类型使用耕地面积的总规模等，指标既可以是单个的，也可能是多方面的，总体研究规划指标一般包括了中期计划和远景规划。

第四，明确待开发利用地块的利用结构与格局。即政府依据用地要求和土地供需情况，合理决定待开发利用地的土地利用种类和总量，并依据已开发用地的分布状况，合理决定全国各地的土地开发量和开发用途。

第五，明确了土地开发方式，即决定选择以哪种途径实施土地开发。

第六，明确发展顺序与进度，即对土地发展进行时序上的规划。

第七，提出土地发展投资项目及落实方法。制定有关土地建设的资金筹措办法和利用方法，制定有关实施规划方案的措施，以及科技、教育方面的政策。

（2）项目开发规划的内容

项目开发规划是对具体地块、区段土地开发的规划设计。应根据综合开发规划的要求编制。未制定综合开发规划的，应符合土地利用总体规划、城市（镇）规划的要求。项目开发规划包括开发用途：为农林牧渔用地的项目开发规划和用于城镇建设的项目开发规划，后者又可分为旧城改造开发规划和新建开发区规划。项目开发规划的内容主要有以下几方面：

第一，待开发地段的勘测、评价及社会经济条件调查。

第二，土地开发的可行性论证。

第三，土地开发的目标和方向。

第四，开发区的总体布局。

第五，土地开发的技术方法及资金筹集方式。

第六，土地开发的实施计划。

5.土地开发规划编制程序

（1）初始商讨阶段

初期研讨会，提出问题，提出设想，确定开发目标。

（2）准备阶段

准备阶段包括组织准备和资料准备。组织准备包括人员组织和制订工作计划、业务培训等。资料准备包括土地利用现状调查、可开发土地资源调查，摸清土地可开发资源的数量、质量、分布，了解土地的自然、社会及经济状况。

（3）编制开发规划阶段

第一，对土地的开发利用研究。一般是从自然环境条件、社会经济条件和科技状况的角度加以研究。由于土地开发与利用是研究土地利用问题的新途径，所以对土地开发利用的社会经济、自然环境条件、社会、科技状况诸方面，有无可行性需要做出具体研究说明。对自然环境研究，一般是对待开发与利用土地资源的自然环境条件加以研究，主要考虑土地开发利用的有利条件及其影响因子，确定土地开发利用的可行性以及开发利用后对周边自然环境所产生的影响。对土地开发利用的社会经济研究从土地开发利用的资本、时间、物力的角度研究土地开发利用的可行性。尤其需要研究土地资金投入的具体落实（投资可行性、来源、投入量多少等），也需要研究区位交通和其他社会经济发展的环境条件。科学技术直接关系到土地利用的方式与效益，从技术、方法、人员素质的角度加以研究。

第二，待开展的土地资源管理评估。这是国家土地开发利用计划的主要内容，是科学合理组织耕地开发利用工作的重要基础。它主要是指通过对影响耕地生产能力的主要自然资源特点（形势、状况、环境、气象、山水和山水地理、植物等）及其社会效益经济状况加以分析、评估，识别耕地的某些功能的适合性与局限，以便进一步明确待开发利用耕地资源的功能等级分类及其发展目标与利用价值。

第三，明确发展方式、标准和规范。根据经济社会发展需要，从本地自然资源状况、发展程度和科技状况入手，根据待开发利用土地自然资源的评估结论，在满足供需平衡的前提下，明确土地开发利用的方式、对象、范围和方法，从而达到开发利用的最优化效果。

（二）土地整治规划

1.土地整治规划的定义

土地整治规划是指在规划区内，在土地利用总体规划的指导和控制下，对规划区内未利用、暂时不能利用或已利用但利用不充分的土地，确定实施开发、利用、改造的方向、规模、空间布局和时间顺序。土地整治规划是对一定区域内的土地整理、土地复垦和土地开发等土地利用活动的总体部署和统筹安排，是一项重要的土地利用专项规划。

2.土地整治规划的特点

土地整治计划是在国家土地利用整体规划的指引下，经过对全国特定范围内的土地自然、社会、经济历史状况的综合研究以及对土地整治资源的研究判断，提出土地整治任务，划定土地整治范围，确定土地整治项目，实施土地整治计划，并指导对土地整治项目进行的综合规划。它具有以下特点。

（1）农村土地整理计划属于土地利用专门规划

土地整理计划，是为了全面发掘土地利用资源，进一步提升耕地利用效率，改善耕作环境，推进农业发展而制定的以开发、使用、整理和保护相结合的整体政策。其与农村土地利用总体计划的主要不同之处在于，农村土地利用总体计划的范围主要为利用特定地域内的所有耕地资源，而土地整理计划的范围则主要为利用价值不高，或者短期内不能发展的未开发利用耕地资源和废弃地。目前，土地整理计划的主要目的在于扩大合理耕地面积，促进耕地面积的动态平衡，维护国家口粮安全生产和经济社会稳定。所以从计划的范围、解决问题的功能考虑，土地整理计划是土地利用规划系统内的专门计划。

（2）农村土地整治计划，是土地利用总体规划的进一步深化和充实

土地整治规划尽管属专项规划，且存在着相当的独立性，它是以国家土地利用总体规划为指导，是完成国家土地利用总体规划目标的主要技术手段。首先，土地整治规划将对土地利用总体规划中确定的土地整治内容，加以加强、补充与完善；其次，土地整治规划通过明确土地整治建设项目的具体地点、区域、种类、规格、施工时间等，使土地用途总体规划中提出的耕地开发与利用、土地整理和土地复垦目标得以具体实施。因此可以说，土地整治规划是土地用途总体规划的延续，是国家总体规划的深化、细化。

（3）土地整治规划的手段灵活但弹性较小

由于土地广阔，土地利用的自然环境、社会、文化状况差别很大，土地整理计划的范围、任务和重点也可能存在差别，所以需要通过灵活多样的方法，切合实际地做好计划。如西北、华北地区干旱缺水，土地开发必须"以水定地"，与生态环境建设紧密结合。东部沿海经济发达地区，重点应以整理基本农田、建设高标准农田为主。煤炭能源基地，应该以复垦废弃工矿地、重建生态系统为主。西南岩溶地区则应以坡改梯和水土保持为主。

虽然各个地方政府可能采用灵活多样的土地整治方案，但土地整理计划本身的弹性是比较小的。首先，土地整理计划的主体要求和任务都是根据国家土地利用总体规划而提出的，需要与国家整体规划相衔接；其次，在土地整理区域的界定、建设项目的选择以及建设项目的主要土地指标任务的设置等方面，也受农业、水利、交通运输、电力、城镇、森林、水土保持等有关行业计划的约束，需要与上述计划相互协调。

3.土地整治规划的体系

土地整治规划体系与土地利用总体规划相对应，分为五级：国家级、省级、地级、县级和乡级。其中国家级、省级和地级为调控层面，县级和乡级为操作层面。目前我国重点编制国家级、省级、地级、县级四级土地整治规划。

4.土地整治规划的目的

土地整治计划的基本目的是建立合理、有效、集约的土地利用组织结构，以进一步提高农村土地效率，满足社会国民经济发展中对工业用地资源的需要。在这一目标的框架内，按照社会经济发展，可以分析出多层次的设计目的。从现阶段社会国民经济发展对工业用地要求层次出发，土地整治规划主要具有以下五个方面的特点。

（1）有规划地完成了农业总量的动态平衡

由于农民人数多，但总人口规模较小，且耕地后备资源不够，土地利用中存在着突出问题，农民补充耕地的任务主要靠耕地整治与复垦工程来实现。科学预测国土供需情况，全面统筹经济社会建设和自然环境，科学合理划定土地整治范围，安排土地整治活动的空间和时间顺序，通过采取综合整治举措使当前各类零星荒芜和使用率低下的耕地面积得以更集约使用，反映了新时代加强耕地面积管理的特点，是进行全国耕地面积总量动态平衡管理的关键举措。

（2）提高综合生产能力、土地产出率与全社会的现代化水平

通过对土地利用形式、强度的调控，促进土地生产、生态利用条件，维持和改善社会土地再生产的合理水平，不断获取人类生产与发展所必需的新产品。社会主义土地整理建设既是根据最先进的农业生产条件而实施的一个土地再分配工程，也能够为社会主义发展创造巨大的土地利用空间。现阶段应该以增加耕地产出量为依据增加农田的产量。中国的实践可证明，土地整治将为现代化建设创造条件，是现代化建设必不可少的内容。

（3）协调土地整治活动与国家各项建设活动的关系

土地整治活动涉及经济、社会、生态等各个方面，通过编制土地整治规划，充分与国家和地方的经济发展规划，农业、林业、水利、交通、环保等部门规划相衔接，避免土地整治的盲目性。根据社会生产力发展的需要，对在土地利用中形成的人与土地以及其他人与人的社会关系，进行有效调控和合理组织优化与再分配，使人类更有序和更理性地对国土资源加以合理开发、使用与维护。在农村土地整理政策上将企业效益与地方长远利益、政府部门经济效益和国家收益统筹起来，实现农村土地整理经济性、社会发展经济效益、环境经济效益的一致。

（4）为编制建设项目投资规划、组织建设项目施工而提供服务依据

目前，各地土地整理出现抢项目、争经费的情况，具有较大的短期性和盲目性，没有从地方发展、社会、环境的整体考量，导致部分土地整理项目不稳定和造成环境污染，要求国家对土地整理项目加以引导和完善，制订土地的整理项目方案，实施合理的规划与控制。制订国家土地整治计划，有利于我国宏观政策的贯彻落实，明确土地整治的方向和重点，便于组织土地整治活动，有利于引导和规范地方土地整治工作，促进土地整治的有序、健康发展。

（5）实现土地资源的景观功能

从可持续发展的角度来看，编制土地整治规划不仅要从经济效益上考虑，还要从社会、生态效益上考虑。景观功能，是人类物质文明与精神文明发展的必然需求，其社会价值与生态效益显而易见。

5.土地整治规划的一般构成

土地整治规划是土地利用总体规划的深化和补充，是土地利用总体规划的重要组成部分。就土地整治规划工作全局而言，无论是国家级、省（地）级还是县（市）级土地整治规划，一般都包含土地整治规划目标、土地整治分区、重点区域与重点工程、土地整治项目、投资与效益五个基本方面的内容。

（1）土地整治规划目标

土地整治计划目标，是指为了保证社会经济可持续发展而对土地资源的需要，以及在计划阶段内通过土地整治所要实现的特定目的。主要涉及计划期内土地整理、农田复垦、土地开发、土地整治的规模，以及新增农用地及其余用地的规模。

制定土地整治计划目标的主要依据包括：①国民经济建设与社会发展的需要。②国家土地利用总体规划的需要。③对生态与环保意识的强烈需求。④土地开发、整理、复垦、整治的巨大潜力。

确定土地整治规划目标的步骤如下：

第一，提出初步计划任务。初步的建设指标，是在根据国民经济与社会发展、国家土地利用总体规划和生态管理与保护的实际需要，及其对土壤整理能力的基础上确定的。

第二，对初步计划目标进行可行性论证。根据初步计划方案的合理性分析，重点要研究制约土地整理计划任务达成的各种因素，包括计划期内的土地和各类工业用地的供应量、土地整理可供应的土地数量和融资水平等。

第三，明确规划任务。按照论证成果，进行上下反馈，充分沟通和修订调整，经设计领导小组审定，明确设计方案。

第四，总体安排。依据土地整治供需分析和所要达到的规划目标，在与上级规划充分协调的基础上，落实规划期间土地开发、土地整理、土地复垦的规模以及整理后可补充耕地、其他农用地、建设用地的数量，并将这些指标分解到下级行政区域。

（2）土地整治分区

土地整治区是为规范土地整治活动和引导投资方向，在规划期内为有针对性地安排土地整治项目而划定的区域。土地整治分区一般适用于县级土地整治规划，其目的是：①明确各区土地整治方向和重点；②分类指导土地整治活动；③引导投资方向；④为安排项目提供依据；⑤因地制宜地制定土地整治措施。

区域类型如下：

第一，土地整理区。土地整理区是指以开展土地整理、农村居民点整理、其他农用地整理等活动，安排土地整理项目为主的区域。

第二，土地复垦区。土地复垦区是指以开展土地复垦活动、安排土地复垦项目为主的区域。

第三，土地开发区。土地开发区是指以开展土地开发活动、安排土地开发项目为主的区域。

第四，土地整治综合区。土地整治综合区是指包括上述两种或两种以上，且难以区分活动主次关系的区域。

划定土地整治区应遵循以下原则：①土地整治潜力较大，分布相对集中；②土地整治基础条件较好；③有利于保护和改善区域生态环境；④一般以乡镇为基本单元。

6.重点区域与重点工程

（1）重点区域

重点区域是指在土地整治潜力调查、分析和评价的基础上，为统筹安排省域内耕地及各类农用地后备资源的开发利用，引导土地整治方向，实现土地整治长远目标所划定的区域。划定重点区域应遵循以下原则：①土地整治潜力较大，分布相对集中；②土地整治基础条件较好；③有利于保护和改善区域生态环境；④原则上不打破县级行政区域界线。

（2）重点工程

重点工程是指在划定重点区域的基础上，围绕实现规划目标和形成土地整治规模，以落实重点区域内土地整治任务，或解决重大的能源、交通、水利等基础设施建设和流域开发治理、生态环境建设等国土整治活动中出现的土地利用问题为目的，所采取的有效引导土地整治活动的组织形式。重点工程可以跨若干重点区域，一般通过土地整治项目实施。重点工程应具有以下特点：①土地整治规模较大；②对实现规划目标起支撑作用；③在解决基础设施建设、流域开发治理、生态环境建设等引起的土地利用问题中发挥主导作用；④预期投资效益较好；⑤能够明显改善区域生态环境。

7.土地整治项目

（1）项目与项目类型

项目一般是指在土地整治区内安排的，在规划期内组织实施的，具有明确的建设范围、建设期限和建设目标的土地整治任务。

项目是在时间、资金等约束条件下，具有专门组织和特定目标的一次性任务。它的基本特征有：①项目是一次性的投资执行方案；②项目具有明确的建设目标；③项目具有限定的约束条件；④项目管理方法具有规范性和系统性；⑤项目具有生命周期。

一般的项目运作程序可划分为八个阶段，即项目建议书阶段、可行性研究阶段、规划设计阶段、建设准备阶段、施工安装阶段、生产准备阶段、竣工验收阶段和后评价阶段。

为了便于实施和管理，项目一般应按照相对单一活动类型划分，项目的具体名称可在此基础上根据各地实际情况确定。按照不同的标准可以将土地整治项目分为不同的类别。

第一，政府投资项目、国家融资项目和社会融资项目。政府投资项目主要是由各级人民政府进行项目建设中的开发整治等工作。目前主要是包括了国家出资土地开发整理建设项目和各类地方出资土地开发整理建设项目，即国家出资建设项目和地方社会投资建设项目。国家（义务）出资建设项目主要是指土地利用单元和个别为承担"耕地面积占补平衡"或土壤恢复义务而自主开展的投资建设项目。而社会资本项目则是指由公司或私人以营利为目的出资建立的投资工程项目。

第二，国土发展建设项目、国土整合建设项目（包含农村整合建设项目、其余农作物用地整合建设项目、农村居民点整合建设项目）、农田恢复建设项目和结合建设项目。国土发展建设项目是指以荒山、荒地、荒滩等尚未发展使用的农村自然资源为对象，以改善合理耕地质量为重要目的的土地整治建设项目。国土整合建设项目是指根据国家土地资源开发利用整体规划的特点，经过对田、水、路、林、村等实施全面整改，以增加合理耕地面积，提升农村品质，改善农村生产条件和生态环境质量为目的的土地整治建设项目。土地复垦工程项目是指对在生产建设过程中，由于挖损、倒塌、压占而引起损毁和荒废的农田，采用全面整改的方法，将其逐步恢复至可以正常使用状况的土地整治过程。综合项目一般是指同时具有在开拓、整合、复垦过程中两个以上整合特性的土地整治过程。但如果根据在土地整治范围内的农田使用过程所增加的土地性质而不能认定为某一开拓、整合、复垦的单个工程项目时，则应当认定为综合项目。

第三，新建、续建、改造、重组和扩大工程等项目。新建项目是指拟纳入国家投资规划并进行施工的新建工程项目。续建项目是指对已通过施工的工程项目，提升工程建设技术标准或者扩大工程内容后继续施工的新建设项目。改造项目是指通过对原来的建设项目内容进行部分或全面修改，并对原来的项目建设内容加以更新改造而建立的项目。重组项目即因为原来项目建设内容已经老化，必须把老化的原来项目建设内容全部取消，根据原来项目建设内容进行重新建设而成立的项目。续建、改建、重建项目可以统称为土地再整理项目。扩大工程是对已核准施工的计划增加施工地域规模的工程。

（2）项目选定的原则

土地整治项目的选定应遵循以下原则：①以土地整治潜力评价结果为基础，注重生态环境影响；②集中连片，且具有一定规模；③具有较好的基础设施条件；④具有示范意义和良好的社会经济效益；⑤地方政府和公众积极性高，资金来源可靠；⑥项目建设期一般不超过3年（农村居民点整理除外）。

（3）项目选定的步骤

第一，根据土地整治潜力分析、划区结果和规划目标，初步提出项目类型、范围与规模。

第二，进行实地考察，邀请当地干部、群众座谈，分析项目实施的可行性。

第三，与有关部门协商，进行综合平衡。

第四，确定项目的边界线，量算面积。

第五，进行项目汇总，编绘项目图集。

（4）安排项目时应注意的问题

第一，要体现以土地整理、土地复垦为主，适度开发的原则。

第二，要兼顾不同类型项目增加耕地潜力与实现规划目标的关系。

第三，要考虑不同类型项目的投资需求水平与筹资能力的关系。

第四，所有项目的完成对实现规划目标起支撑作用，一般占规划目标的80%左右。

8.土地整治规划的原则

土地整治规划应在保护和改善生态环境的前提下，认真贯彻"十分珍惜、合理利用土地和切实保护耕地"的基本国策，坚持以内涵挖潜为重点，立足于提高土地利用效率，增加农用地及有效耕地面积，实现经济效益、社会效益、生态效益的统一。

在坚持土地整治规划指导思想的前提下，规划编制应遵循下列原则。

（1）依据相关法律、法规、政策和土地利用总体规划

土地整治规划的编制要以国家、地方的相关法律、法规、政策为依据，在其指导和规范下进行。

土地整治规划是土地利用总体规划的专项规划，是土地利用总体规划的一部分，因此，土地整治规划的编制要以土地利用总体规划为依据，其所确定的土地用途要符合土地利用总体规划规定的用途。

（2）以土地利用现状、变更调查以及国土资源大调查相关成果为基础

土地整治规划应采用土地利用现状、变更调查资料和刚刚完成的国土资源大调查相关成果，提高规划的科学性和可操作性。

（3）上下结合，并与相关规划相协调

上一级土地整治规划要以下一级规划为基础，下一级规划要以上一级规划为指导，逐级完成指标分解、落实，在土地整治类型、方向、规模、速度等方面都要做到上下协调一致。

土地整治涉及农业、交通、水利、林业、城镇等多个方面，在编制土地整治规划时，应认真了解相关规划，并注意与基本农田建设、生态退耕、农业结构调整和土地权属调整相结合，在不能取得一致时，要充分听取有关部门的意见，并做好协调工作，否则，土地整治规划难以实施。

（4）因地制宜，统筹安排，切实可行

土地整治规划具有鲜明的地域性，不同的地区由于自然、经济条件不同，开发整理的

重点、内容和方法也不尽相同，编制规划要充分体现地域特征。

土地资源的潜力具有一定的弹性，在不同的科学技术水平下，潜力的挖掘程度是不同的，要从实际出发，量力而行，循序渐进，不可贪大求快。

（5）综合考虑土地整治的社会、经济和生态效益

坚持土地资源的可持续利用。在编制土地整治规划时，特别是在安排土地开发时，一定要注意生态环境的保护，三个效益并重，要从全局和长远利益出发，通过土地整治，改善生态环境，做到土地资源的可持续利用。

（6）政府决策和公众参与相结合

土地整治规划的编制是政府行为。在编制中，要充分听取各部门的意见和当地农民、居民的意见。没有广大群众的支持和参与，土地整治规划难以实施。

（三）土地复垦规划

土地复垦的含义是，凡在生产建设过程中，因挖损、塌陷、占压等造成破坏的土地，采取整治措施，使其恢复到可利用的状态称作土地复垦。

土地复垦规划按其废弃地的类型可分为矿山开发废弃地复垦规划，煤矿塌陷地复垦规划，交通、水利等工程压挖地复垦规划，废弃宅基地复垦规划等。

1.土地复垦规划的意义

土地复垦规划是对土地复垦在一定时期内的总体安排。它需要根据矿山企业发展规划与矿产资源开采计划、地方的自然、经济与社会条件对复垦项目、复垦进度、复垦项目的工程措施及复垦后土地的用途甚至生态类型等做出决策。矿区土地复垦设计则是在规划的基础上，对复垦工程量、平面布置、复垦工程的技术参数等做具体安排和计算。

土地复垦规划设计的意义主要表现在以下方面：

（1）避免土地复垦工程的盲目性

未进行合理规划设计的土地复垦工作，往往存在着盲目性：①在矿山开采过程塌陷或不稳点中所使用的建筑土方。②片面地追求高标准。③对采矿区塌陷积水点进行盲目回填方法的施工方式。

经过政府对土地复垦工程的合理谋划，才能够充分发挥地方资源，合理选定土地复垦投入的方向，才不会出现对土地复垦工程有大量投资却无产出，或产出很小的情况、状况。

（2）为保证土地利用系统与矿区生态系统结构更适应

土地复垦计划是国家土地利用总计划的主要项目，是国家土地利用总计划的一种专项规划。国外耕地再利用经验证明：制订适当的耕地再利用计划完全能够使耕地生产力和自然环境得以修复与再生。

（3）保证了国土资源管理部门对土地复垦管理工作的有效宏观调控

我国是一个人多地少的国家，国土资源非常宝贵。在条件许可的情形下，应先考虑将土地复垦为农田。由国土管理机关通过核定的土地复垦计划，对土地复垦进行宏观调控。

（4）提高土地复垦工程空间布置的科学性

土地复垦设计实质上是对土地复垦计划所进行的时间与空间布局的合理安排，所以，土地复垦规划设计确定了整个土地复垦计划时间的合理安排。在时序上，土地复垦工作列入了生产能力和开发规划，各个生产时期进行不同的复垦工作；在空间上，根据地块破坏特点把地块复垦成各种用途的土地类型。

2.土地复垦规划的原则

土地复垦规划应与土地利用总体规划相协调。各行业、各管理部门在制定土地复垦规划时，应根据经济合理性原则、自然条件以及土地破坏状态，确定复垦后的土地用途。在城市规划区内，复垦后的土地利用应当符合城市规划。

土地复垦应当与生产建设统一规划。有土地复垦任务的企业应把土地复垦指标纳入生产建设计划，在征求土地管理部门意见后，经行业管理部门批准后实施。

土地复垦应当充分利用邻近的废弃物（如粉煤灰、煤矸石、城市垃圾等）充填塌陷区和地下采空区。利用废弃物作为土地复垦充填物，防止充填物造成新的污染。

以上条款是我国《土地复垦规定》对土地复垦规划的原则规定，在土地复垦实际工作中，还要遵循以下原则：①先总体规划，再进行土地复垦工程设计。②土地复垦要因地制宜，综合治理。③土地复垦要将近期效益与长远效益相结合。④经济效益、生态环境效益与社会效益相结合。

因此，土地复垦工程应从全局考虑，首先安排投资少、见效快的项目。土地复垦工程不仅要寻求最佳的投资收益比，还要达到土地复垦后生态系统的整体性和协调性。土地复垦规划不仅包括耕地恢复规划，还包括村庄搬迁、水系道路、建设用地、环境治理等综合规划。

3.土地复垦规划的基本程序

（1）勘测、调查与分析

勘测、调查与分析是土地复垦的前提，明确土地复垦问题的性质，获取制定土地复垦规划的基础数据、图纸等资料。

（2）土地复垦总体规划

土地复垦总体规划首先确定规划范围、规划时间，制定复垦目标和任务；然后将土地复垦对象分类、分区，并制订土地复垦实施计划，对总体规划方案进行投资效益预算；最后通过部门间协调与论证，形成一个可行的规划方案。其成果包括规划图纸和规划报告。

（3）土地复垦工程设计

土地复垦工程设计是在土地复垦总体规划基础上，对近期要实施的复垦项目进行详细设计。土地复垦工程设计最基本的要求是具有可操作性，即施工部门能按设计图纸和设计说明书进行施工。

（4）审批实施

无论是土地复垦总体规划还是土地复垦工程设计都需要得到土地管理部门和行业主管部门的审批，审批后方可付诸实施，土地复垦工程实施后，土地管理部门需要对土地复垦工程进行验收，土地利用者需要对复垦后的土地进行动态监测管理。

4.土地复垦规划的分类

矿山开采分为地下开采和露天开采两种，土地复垦分为地下开采土地复垦和露天开采土地复垦，土地复垦规划则可分为地下开采复垦规划和露天开采复垦规划。在时间尺度上，土地复垦规划可分为采前复垦规划和采后复垦规划。采前规划是指新矿区开发或老矿井改扩建时，在采矿设计阶段就做土地复垦规划；采后规划是指矿产资源开采后，因以前对复垦工作没有重视，现需要复垦而做的规划。在空间范围内，可以是一片塌陷地、一个矿井、一个矿区、某矿、某矿区或全国的土地复垦规划。按矿区的地理位置，可分为"城郊—矿区"型与"农村—矿区"型规划，而我国"农村—矿区"型规划多。根据地貌条件，可分为山区矿区土地复垦规划和平原矿区土地复垦规划。根据地下潜水位情况，可分为高、中、低潜水位土地复垦规划。

制定矿区土地复垦规划时，根据分类明确土地复垦方向、土地复垦重点及影响土地复垦工程的制约因素。如一般情况下，"城郊—矿区"型规划可优先考虑建设用地、建立蔬菜基地或园林化复垦；"农村—矿区"型规划则优先考虑种植业、养殖业用地。采前规划需要预测土地破坏程度；采后规划需实地勘测土地破坏程度。地下开采复垦规划应重点考虑解决地表沉陷后积水、土地沼泽化、土地次生盐渍化等问题；露天开采复垦规划应重点考虑解决土地结构重建、植被重建等问题。不同地貌条件的土地复垦方向与重点也不同，位于黄淮平原、华北平原等重要粮棉基地的矿区，恢复耕地是复垦的重点；位于丘陵、山区的矿区，加强水土保持措施、防止水土流失是复垦的重点。

（四）土地整理规划

土地整理是对土地利用的空间分布条件进行调整，经过调整的土地利用形式、质量和结构必须符合一定阶段的特定要求。土地整理包括农地整理和非农地整理。就中国现阶段的实际状况来看，土地整理一般指农地整理，整理的主要目的是改善农村土地品质，扩大合理耕地，提高农村生活环境和城市生态环境。

1.土地开发整理规划及其作用、内容

土地开发整理规划，是在一定地域范围内未来较长时期的土地开发利用、土地整理、土地复垦等方面所做出的统筹安排和综合协调措施，是指通过对一定范围内的土地资源现状和土地资源开发利用能力进行分析与评估，明确土地资源开发、整理、复垦的总体目标与任务，确定土地资源开发、整理、复垦工作的重大范围，布置重大工程项目，制定关键工程，拟定补充耕地的区域平衡政策，预测土地开发整理工作所需投入，评估预计综合经济效益，并制定实施计划的具体对策、举措。

土地开发整理规划的作用如下：

第一，土地开发整理规划是保证土地发展科学、健康的最有效手段。近年来，土地开发整理项目在全国各地广泛进行，获得了较明显的进步。但是，全国各地方政府在进行土地开发整理工作时，由于没有科学的规划，土地开发整理项目的计划性和科学化都较差，突出表现在：只注重开发整理土地面积的规模，忽视了开发整理土地面积的品质，使开发整理后的耕地面积无法产生很大的效益；只着眼于寻求开发整理项目的局部、近期效益，忽视了长期整体的经济、环境效益，盲目整合、损害了环境资源的严重现象时有发生；缺乏有效的管理机制，开发整理工作成本高，存在管理滞后、资源浪费的问题。而编制和实施土地开发整理规划是杜绝上述问题的有效途径。实施与执行科学的规划可以保证开发整理用地的规模和效率，维持被开发利用地区的自然环境，做到土地的可持续使用。

第二，土地开发整理规划是实施国家土地利用总体规划以及实施土地利用管理的关键手段。《土地管理法》中制定了土地用途管制制度，土地利用总体规划是实施土地利用管理的主要方法。而国土用地的规划是使用总计划的专门规定，对实施总体规划的土地利用管理将产生很大影响，在遵循总体规划确定的用途下，按照总体规划中确定的用地范围来划分，划定土地开发区、整理区和复垦区，并对这些地区进行开发、整理、复垦，提高土地的利用率和产出率，体现总体规划对土地集约利用的精神，并对开发、整理、复垦后的土地按总体规划确定的用途加以利用。

第三，土地开发整理规划是选择土地开发整理项目的依据。目前，我国土地开发整理工作主要是通过实行项目管理运营、带动开发整理全面发展的模式而展开的。各地在开展土地开发整理项目时，往往只针对项目区域进行设计，忽略与区域外各种因素的衔接、协调。土地开发整理规划则通过对规划区域内经济发展水平、土地资源状况、农业基础设施和骨干工程布设等进行综合分析与评价，提出土地开发整理潜力水平和整理后经济、生态、社会的预期效益，据此划定土地开发区、整理区和复垦区，对土地开发整理工作在时间和空间上进行合理安排，为土地开发整理项目的选择指明了方向。自然资源部颁布的

《土地开发整理项目管理办法》指出，土地开发整理项目的选择要依据土地开发整理规划，以规章的形式确立了土地开发整理规划对土地开发整理项目的指导意义。

2.土地整理设计目标

（1）根据《中华人民共和国土地管理法》第四十一条的规定，按照土地利用总体规划，对田、水、路、林、村进行综合整治，增加有效耕地面积，彻底改造中低产田，提高耕地质量，最终达到保护耕地的目的。

（2）项目建设规模为1464.03公顷，其中农用地1439.35公顷（耕地1325.08公顷、其他农用地114.27公顷）；建设用地22.32公顷；未利用地2.36公顷。通过农田的整治改造，废弃居民点的拆迁集并，废弃农村道路、农田水利用地以及荒草地的开发，形成合理、高效、集约的土地利用结构，可实现净增耕地面积47.29公顷，增加耕地比率为3.23%。新增耕地耕作层在0.30米以上，符合标准基本农田要求。

（3）通过对农田的整理、改造，机械化程度达90%以上，农业的水利化水平达90%以上。防止水土流失，改进农业生产条件，改善农业生态环境和自然景观，造福于民。

（4）通过对项目区内的农田、道路、沟渠、林网依地形和用途重新规划，对农田水利基础设施进行配套建设，达到旱能灌、涝能排，实现农田高产、稳产。

（5）实现耕地总量动态平衡，充分、合理、高效地利用土地资源，形成一整套结构合理、良性循环的农业生态系统。项目的实施，为今后根治旱涝灾害积累经验，为推广农业新科技探索新路子，为实现农田方格化、标准化和农业机械化，发展农业规模经营，实现农业产业化打下基础。

第二节　土地专项规划工作及转型发展策略

我国土地专项规划尚处在改变级别和档次的阶段，必须对土地各个部分之间做出重新调整与设置。规划是一个有条不紊、区分先后的管理方法，把事情加以调整和分解，使事情能够开展得比较顺畅。规划就是通过时间、空间以及必要的手段比较充分地利用土地资源。

一、加强土地利用合理化，促进土地的可持续发展

在拟定土地专项规划的时候，应该把自然、经济、社会协调统一的发展彻底地体现在实际规划中，最大限度地提高土地生产能力的水平和稳固、安定，制止土地资源由优变劣、由好变坏、由强变弱。提高各个环节对人力、物力、财力的利用效果，在生态系统内部，生产者、消费者、分解者和非生物环境之间，在一定时间内保持能量与物质输入、输

出动态的相对稳定状态。如果生态系统受到外界干扰超过它本身自动调节的能力，将会导致生态平衡被破坏。近些年来，土地变得含盐分较多，不利于植物的生长，废气、废水、废料等对自然生态环境的破坏也十分严重，因此政府要出资对土地进行整体的治理和运用。在城市中设置大型的基础设施供给用地，充分地使用土地的生态系统。让生态和增加新设施达成一致，尽量使人们对土地的需求得到满足，在进行土地专项规划的时候，尽量做到少拆除房子、不砍树，尽量保存村庄原有风貌，让生物和影响生物生存与发展的一切外界环境能够维持良好的发展状态，让居民的居住环境和生态环境能够得到和谐一致的发展。在土地专项规划过程中要坚持可持续发展的思想和观念，以坚决维持创新、绿色、开放为发展的中心，在大面积的区域和范围进行细致、精密的土地专项规划。不同的地区存在着地域上的差别，所以在进行土地专项规划时要进行实地调查、查看、测量。

二、优化土地的市场规划，促进土地市场化转型

市场经济内部各类产业的构成及其比例关系的调整也会对土地专项规划产生影响，产业结构的合理与否对整个社会的生产与经济效益会产生重大影响。不同地区的土地价值也不同，在市场的调整中，因为某些地方生产事业的变迁会引起土地价值的增长。所以在对土地进行规划时一定要整体考虑。土地规划方案中每一种因素都在不停地变化，在实施建设计划时不能完全按照原样、对土地进行使用，规划应当注意国家对国民经济总量进行的调节和控制，并且要结合市场经济的模式，正确整治好政府和市场之间相互作用、相互影响的状态。保证市场在资源的调动、分配中占据主体地位。使市场经济的发展趋势偏向于投资的多种多样。

就土地而言，由于利用的手段不同，土地所表现的意义也不相同。实施土地专项规划目的是更有效地利用土地，即将最关键的方面都放到以实际行动去贯彻执行用地政策上来，使土地规划更加符合社会现实，从而最大限度实现用地的利用效益。而土地的市场规划也应以三方面因素作为基础：第一，在土地利用方面要按照国民经济中各种产品的结构特点和实际使用情况明确规定用地规模；第二，从产品空间结构方面进行产业规划，规划好在各个区域产业所发挥的作用和效能的利用；第三，由于国民经济中各种行业的组合以及投资关系多样化的特点，在土地利用的方面也要善于变化，根据不同的形势进行不同的调整。在实现目标的过程中，土地专项规划先要满足中国特色社会主义市场经济的基本要求，顺应我国经济社会格局、发展形势、价值观念等方面的重大变化。

市场经济是以市场为核心，对市场中通过竞争实现优胜劣汰的形式进行完善，土地资源的价值是依据市场中存在供给和需求之间的联系和价值变动来对商品经济进行重新调配、安排。要改变规划的观念，把规划看作不断发展、变化的过程，由一成不变的规划变为可以改变和通融的变化。从长久的眼光来看，土地专项规划要面对多种多样的投资方

向，成本的运用中要做出相应的准备。我国的土地政策许可农村土地出租，这样农村的土地就可以表现出它的商品价值性。

三、优化信息技术，促进土地资源科学转型

在土地转型时期，土地专项规划工作脱离不了信息技术的运用。因此要优化大数据平台和信息技术，用技术支撑来助力土地转型发展。一方面，国土资源管理是一项比较复杂的工作，土地资源本身包含了许多信息，而且数据量也巨大。另一方面，随着城市人口的增长和工业化的扩张，人类的需求和土地资源之间的矛盾逐渐增加。因此在管理中要运用信息技术来优化国土资源管理平台，提高大数据解决问题的效率，改善信息繁杂、决策不力的现状。提高信息化管理的专业性，促使国土资源管理更加方便快捷，实现数据资源和政务管理、公共服务平台的无缝对接，优化行政管理、统计分析等方面的操作。因此需要通过大数据平台加强国土资源管理的内部建设，跨越基础信息纷杂的鸿沟，实现土地资源管理的立体化。要坚持公平和正义的分配制度，使分配更加合理化、科学化。通过信息化的介入，绘制城乡土地转型规划的统一蓝图，完善各方面规划体系，建立良好的衔接机制和协调方案，有效解决新时期土地专项规划中所面临的体系移位、内容冲突、缺乏协调等问题，加强政府的管控能力，促进土地规划科学转型。建立统一衔接、功能互补的空间规划体系，增加土地资源的集约性、高效性和可持续利用性。

综上所述，城镇、农业、生态是我国土地专项规划转型中最主要的几个方面，在这几个方面要做到全面的布局和计划，并且严格地进行管理、控制，根据客观情况进行土地的规划，形成一个完整的发展计划、策略和空间上的设计规划。

第六章　测绘技术在土地资源利用与规划中的应用

第一节　土地测绘在土地资源开发管理中的应用

现阶段，我国综合国力和人民的生活水平都有了明显的提高。在这种情况下，人们对生活质量提出了更高要求，土地开发管理的重要性也逐渐凸显。作为土地开发管理过程中的一个重要手段，土地测绘工作不可或缺。在土地开发管理过程中，工作人员必须对土地资源进行测绘。本节对土地测绘和土地开发管理之间的关系进行深入讨论，分析了土地开发管理过程中部分土地测绘技术的运用过程，以期充分发挥这些技术的作用，提升土地开发管理效率。

一、土地测绘和土地开发管理的概况

社会经济的快速发展推动了城市建设。在城市建设过程中，土地开发管理工作越来越受到人们的重视。在深入挖掘和充分利用城市土地资源的过程中，相关部门必须了解和掌握城市土地资源情况，以有效提高城市土地开发管理效率。想要实现这一目标，相关部门需要应用各种土地测绘技术。

（一）土地测绘的概念

土地测绘是指利用各种工具、仪器以及技术，调查、测定土地及其附属物的基本状况，为土地统计与土地登记提供数据信息的一项工作。土地测绘过程中所使用的现代科学技术都属于土地测绘技术。土地测绘技术在土地资源利用状况调查、城镇地籍调查、城市土地资源动态监测等方面有着广泛的应用。土地测绘不仅为土地测绘管理人员提供了准确的土地测量数据，还为土地开发管理工作的顺利进行提供了重要保障。因此做好土地测绘工作，能够推动城市建设的高质量发展。

（二）土地开发管理的概念

土地开发管理是指相关部门在城市规划建设管理过程中，对土地资源进行深入挖掘和

充分利用。在实际工作中，相关部门需要根据土地开发总体规划以及土地综合利用情况来确定土地开发目标与用途，同时应用各种方法深入了解土地利用现状。只有在了解这些情况以后，相关部门才能科学合理地开发、利用土地，实现土地综合治理目标。不断提高土地综合利用率，改善人们的居住环境，为人们的生活提供便利，这是土地开发管理工作的最终目的。实际上，土地开发管理工作既是一项系统性的管理工作，也是一项大型的工程项目。之所以这么说，主要是因为它在保护耕地方面有着重要作用。我国人口基数庞大，人均耕地面积相对较少，而且还有进一步减少的趋势。在这种情况下，为了保证耕地资源总量始终处于一个动态平衡的状态，让土地资源得到更加合理和充分的利用，相关部门需要对土地资源进行开发管理。另外，实施土地开发管理工作，可以对城市工程建设占用的耕地进行补偿，使得土地资源得到持续合理的利用，促进我国社会经济的可持续发展。因此，相关部门要不断提高土地资源的综合利用率，解决土地供不应求的矛盾，对现有土地资源进行合理规划、开发，真正实现对我国土地资源的高效利用。

二、土地测绘和土地开发管理之间的关系

土地开发管理是土地资源开发利用的一个关键点，土地测绘给土地开发管理提供了必需的数据支持。因此，做好土地测绘工作，能够保证土地开发管理工作的顺利开展。土地测绘和土地资源开发管理两者之间的关系主要表现在两个方面。一是土地测绘数据为土地开发管理奠定了基础。例如，在土地开发管理过程中，在选址之前，相关部门需要对土地资源的具体情况进行研究和分析，为实现土地开发管理目标奠定基础。二是土地测绘为土地开发管理提供数据支持。也就是说，在土地资源的开发管理过程中，为了实现土地的高效开发利用，相关部门需要做好土地测绘工作。

毫无疑问，土地测绘是土地开发管理工作顺利开展的坚实后盾。土地开发管理贯穿于土地开发项目的全过程。从前期的项目规划、报批到规划编制、工程勘测，再到土地开发利用，整个过程始终离不开土地测绘。土地测绘为土地开发管理工作提供了可靠、准确、翔实的数据支撑，说明了土地测绘和土地开发管理两者之间是相辅相成、缺一不可的关系。将两者相结合，能为城市建设和经济发展提供有力保障。

三、土地测绘在土地资源开发管理中的作用

（一）提供可靠依据

在土地规划管理过程中，涉及公共设施、环境、资源、经济等相关数据的收集和整理，是土地资源开发管理的决策依据，因而要加大对该类数据的重视度。具体实施中，要进行技术革新，不断提升测绘水平，确保数据获取更加真实、准确，从而对后期各种信息

进行准确判定。通常情况下，测绘结果中包含的数据类目比较多，因而测绘初期，要实施数据库构建，使数据应用更加有效。开展实际工作时，也要依据相关人口及地形情况，对其进行统一处理。

（二）节约投资

土地资源综合开发应用过程复杂，涉及的资金投入较大。为节约投资，减少浪费问题，需在具体实施中，对各项资金进行合理分配和应用。安排财务人员准确的执行预算工作，实现预算控制。与此同时，也需要对实施方案进行准确制订。为使测绘结果更具精确性，可对土地情况进行全面呈现，使其更加详细，以具象化的信息对真实土地情况进行有效反映，以免测绘结果出现偏差。倘若在测绘工作中，精度不足，很容易对设计优化问题产生干扰，影响土地资源开发管理效果。

（三）规范工程行为

在土地资源开发管理工作中，涉及的施工验收标准问题较多，需要将这些标准的实施和执行建立在一定的条件基础上。基于上述内容考量，开展各项工作时，需要应用专业知识，对工程设计过程严格执行，使工程设计更具科学性和合理性。为使这些工作实施过程更加顺利，需要确保前期测绘数据收集整理的准确性和全面性。将设计流程及顺序作为该工作实施过程中的重点考量内容。

四、信息化测绘特征

（一）信息的经济建设

当前，我国无论是经济建设，还是科学技术，均呈现良好的发展态势，使测绘技术与计算机技术联系较为紧密。测绘技术更倾向于数字化、自动化和一体化等。未来信息化将会被贯穿于测绘工作中，测绘人员的综合素养也将不断提高，使该工作更具现代化特性。计算机技术为测绘工作性能及水平的提升提供了前提和保障。

（二）信息服务社会化

改变以往土地测绘方式，在测绘系统内部对该体系进行全面应用，并将其辐射到其他各领域。信息的社会化服务，讲求的是完整性，而不仅限于某单一领域的使用。通过该种方式，使信息服务发展更加全面。

五、土地测绘在土地资源开发管理中的实践应用

（一）土地资源开发管理前期土地测绘技术的应用

土地资源开发管理工作初期，涉及的内容较多，该时期工作较为重要，直接影响到土地资源开发管理的工作效果。该过程中，工作人员需要明确工程施工地址，完成场址选址后，对该区域地理、生态和气候环境等具备明确认知，并收集相关信息和资料等。因土地资源开发管理前期，任务量大，在该过程中，应用土地测绘技术，能够减少不必要的人员及物质消耗，提高土地资源开发管理工作质量及效率，因而在土地资源开发管理工作中，该技术不可或缺。

（二）农村集体土地开发管理中土地测绘技术的应用

集体开发管理工作，任务量大，实施难度大。因农村集体土地缺乏法律效力，相关地籍资料不足，很容易产生土地纠纷。将土地测绘应用到农村集体土地开发管理中，能够使测量数据更具法律效力。土地具体使用过程中，资产在归属权上也会发生变化。通过应用土地测绘技术，能够对土地资源信息进行准确掌握，并用正射影像技术，对其实施准确定位，使其勘测过程和土地位置划定更加科学、合理。土地开发管理部门在测绘技术应用过程中，对影像技术和数字正摄影像技术等进行同步应用，对违规占地行为具备清晰的认知和了解，明确掌握土地占地状况，并告知监督部门对土地非法占用情况进行从严处理，提升土地规划工作过程中的科学性和合理性。

（三）资源监测和调查中土地测绘技术的应用

我国国土辽阔，土地资源优势明显。国土资源调查和测试专业性强，难度大，在集体土地管理中，需要考量的相关内容和指标有集体土地等级及征集、管辖范围内的土地开发工作。为满足上述要求，土地测绘工作实施中，强调技术分辨能力，为各数据收集提供便利。当前，我国信息技术处于高速发展阶段，遥感技术也被用于土地测绘中，很多高分辨技术的使用，将土地测绘在国土资源调查及管理中的效用发挥到最大。与此同时，需要筛查土地，提升该技术应用价值，使土地资源开发及管理工作顺利进行，实现工作效率提升。

（四）土地资源开发监管中土地测绘的应用

应用正确的方式，对土地资源实施监管，以法律手段，对违法占地情况能够有效约束。倘若仅通过地面实施土地监控，很容易出现遗漏。为使土地资源监控更具全面性，土地测绘技术的应用必不可少。具体实施方法是采用卫星影像对违法占地面积和地点等进行

准确记录，得出详细信息后，用以后期土地资源开发管理中。土地测绘因其技术优势，在土地资源开发管理过程中极具适用性，有助于实现土地监管工作目标，将其效用发挥到最大。

（五）土地资源开发管理信息系统建设中土地测绘的应用

土地资源开发管理信息系统涉及土地管理、使用、耕地等诸多系统类目。该系统中包括很多土地信息。早些年，在土地资源开发管理系统中，数据的获取多以仪器测量为主。测量工作实施过程中，很容易受环境或记录过程影响，使测量数据出现偏差，导致土地资源应用及分配缺乏合理性。科学技术的快速发展，使土地资源开发管理工作，开始逐渐应用测绘技术。其主要借助先进的科学设备，使数据采集过程更加可靠，而土地资源开发管理信息系统中的相关信息也更具实用性，因而土地测绘技术的应用，对土地资源开发管理工作极为有利，使其更加简便。

（六）土地规划审批中测绘技术的应用

土地开发管理部门执行土地规划审批工作时，需要进行土地测绘。对比土地规划图，可有效调整土地利用方案，使其开发和利用过程更加科学、合理。土地测绘能够对土地规划工作进行有效判定，极具实施价值。开展该项工作，能够对土地综合应用情况进行全面了解，依据实际状况，对土地规划方案进行科学调整，使其应用过程更加综合，并保障土地环境的可持续性。构建土地开发管理信息系统，并在具体实施中加以应用，有助于土地资料库数据和地籍管理等及时更新。而全球定位系统，也使土地采集工作更加精确，提供可靠信息，使土地监督管理工作顺利执行，并增加登记和评价功能，使数据支撑更加有力。

综上所述，在土地资源开发管理工作中，应用土地测绘技术极为有效。社会及经济的快速发展，使土地供求矛盾日趋复杂和严重。相关人员要对土地测绘与土地资源开发管理工作具备清晰的认知，明确二者间的联系，了解信息化测绘特征，实施土地测绘技术更新，依据具体测绘标准，在土地资源开发管理工作中，严格执行土地测绘工作，使土地资源得到合理应用，减少不必要的土地浪费，实现预期工程目标。

第二节　分析测绘技术在土地规划管理中的应用

近年来，随着中国科学技术水平逐渐提升，测绘技术也在新科技的带动下朝着高精度、综合性等方面发展，以便更好地服务于国家土地规划管理工作，实现国土资源的合理配置。为适应土地改革发展趋势，分析测绘技术在土地规划管理工作中的运用具有迫切性与必要性，以期拓展土地测绘技术的使用范畴，全面提高测绘技术的使用价值。

一、土地规划管理中的测绘技术应用的意义

土地规划管理效果反映出城乡一体化进程，并关乎人类生产、生活的稳定性。面对城市化进程加快、土地资源需求量增多这一事实，应用测绘技术于土地规划管理，既能动态掌握土地资源的使用状态，又能根据社会经济发展情况及相关的政策变化，科学调整土地决策，使土地得到科学规划、有效管理。测绘技术应用环节以精益化理念为指导，确保土地规划管理达到预期，并为今后土地工作的稳健开展奠定坚实基础。

二、土地规划管理中的测绘技术应用的表现

（一）土地调查

土地规划管理以土地资源全面掌控为前提条件，然而土地调查的任务量较多，并且调查阶段存在种种阻力。在新时代下，灵活运用测绘技术了解土地情况，既能保证土地资源的完整性和真实性，又能为土地资源分配、使用提供依据。借助3S技术获取土地信息数据，在数据库中分类存储，为土地规划与管理提供信息支持和数据参考。因为测绘技术联合使用，所以能够提高土地调查效率，使土地工作的权威性得以维护。鉴于测绘技术动态更新，相关软件不断升级，意味着土地调查工作中已有问题明确化，同时，价值数据信息可被及时获取、充分利用。

（二）规划设计

基于信息收集与分析，科学设计土地规划，为土地资源的使用提供正确指导。遥感技术、地理信息技术为土地信息的实时获取提供了可靠的技术支持，实现了文字信息向图像的有效转换，以便直观地显示土地情况。土地规划设计期间，构建空间信息模型及数据库，满足数据信息综合处理与分析需要。一般来说，土地规划设计中会具体提及土地位置、土地利用状态、权属情况等。

（三）土地管理

土地管理以土地规划设计为前提，在实际管理中加强监管，保证土地信息数据的真实性和全面性，制定能使土地资源效用最大化的土地决策。因为测绘技术创新式应用，所以能够实现主动监测管理，同时，相关数据信息能够及时向使用单位传递。其中，遥感技术获取区域内的土地信息，可与全球定位系统联用，具体掌握土地信息，为土地管理决策的制定提供参考。随着土地利用情况的改变，相关资料随之更新，测绘技术在资料更新、资料核查中起到了关键性作用，真正加快了土地现代化管理的步伐。

（四）土地执法

测绘技术用于土地执法，通过发挥测绘技术功能分析土地利用行为，发现违规现象，测绘技术会发出提示，提醒工作人员依法核查、审理，避免土地资源低效利用。如今，土地执法活动在新测绘技术辅助下，正逐渐向信息化、数字化演进，并且土地巡查工作自动开展，使得土地违规开发、违法使用等行为被及时制止，并严肃惩处，推动了我国土地工作的顺利开展。

三、土地规划管理中的测绘技术应用的建议

土地科学规划管理的重要性不言而喻，当测绘技术应用于土地工作时，一定要注意相关事项，充分发挥测绘技术的全面优势，取得土地规划管理的良好效果。首先，测绘技术适当投入。不同区域的经济水平存在高低之差，加之土地规划管理要求各异，投用测绘技术时，既要考虑经济成本，又要分析各类测绘技术功能，实现技术需求与技术供应的一致性，使测绘技术应用价值最大化。其次，培训测绘技术人员。新时代下，测绘技术动态更新，并且土地政策处于变化态势，对于技术操作人员来说，应强化技术操控能力，使其在土地规划管理中发挥重要作用，推动土地工作的顺利进行。最后，精益化管理。土地资源管理活动较为复杂，无论是前期规划，还是管理实践，都需要工作人员分析测绘技术使用的最佳契机，实现土地数据信息的深入分析，为土地规划与管理提供正确指导，保证土地决策的合理性和有效性。对于从业人员来说，应渗透精益化理念，使测绘技术在土地规划管理中被精益化投用，这既能为土地工作的稳步开展提供支持，又能逐渐提高测绘技术的使用水平。

四、土地规划管理中的测绘技术应用的趋势

（一）集成化

测绘技术集成发展趋势日益显著，通过单一的测绘技术整合了丰富的技术功能，并为技术协调提供技术支撑。新时期下，3S技术是多种技术的集合体，这项技术经优势互补彰显出技术优势，更好地为土地工作提供服务。随着土地规划管理要求的多样变化，测绘技术集成变化是必然趋势，为土地决策有效地制定提供综合化、集成化的测绘技术支持。

（二）数字信息化

如今，微型测绘技术问世，这类技术凭借高精度、高效率等优势辅助土地资源优配活动。其中，数据分析过程直观可视，使得土地工作向规范化推进。测绘技术向数字化、信息化发展，并在一定程度上提高土地规划的管理价值，为今后土地工作的良好发展奠定基

础。高新技术时代到来后，测绘技术数字信息化特征日益显著，推动我国土地规划管理实践迈向新台阶。

（三）智能化

随着信息技术的动态发展，土地规划管理要求逐渐提高，并且土地工作向精细化推进，无形中增加了工作人员在土地规划管理中的阻力。信息时代到来后，测绘技术向智能化发展，意味着工作人员只要简单操作按钮、滑动界面即可，系统在指令信息的引导下自动运行，并显示真实、全面的数据信息，使土地决策准确制定、有效实施。为了使测绘技术生命力延续，大大提高测绘技术在土地规划、土地管理中的应用效率，势必立足国内土地资源配置现状，大力培养创新型人才，并引进最新的技术、开发新型软件，为土地规划管理提供技术层面的支持。

综上所述，土地规划管理工作正如火如荼地开展，从业人员在实际工作中引入测绘技术，弥补了传统土地规划与管理方法的不足，提高了土地工作的有效性。掌握测绘技术应用要点，并提出测绘技术合理应用的建设性意见，这样既能深化我国土地改革，又能充分彰显测绘技术的应用价值。

第三节　3S技术在乡村振兴土地资源规划中的应用

解决好农村农业资源和规划发展问题，对于贯彻落实《乡村振兴战略规划（2018—2022年）》，加快推进乡村振兴具有重大的现实意义和深远的历史意义。2018年，中央一号文件《中共中央 国务院关于实施乡村振兴战略的意见》即对乡村振兴战略进行了全面部署，其中不但明确了发展目标，还提出了实施乡村振兴战略可以推进与精准脱贫的有效衔接，乡村土地资源规划仍然面临着诸多问题，需要相关部门相互合作。利用先进的技术，统筹规划并科学合理利用资源，将乡村土地资源规划有机融合乡村振兴战略中，加快推进乡村产业转型升级，成为精准扶贫工作的重中之重。

一、3S技术概述

3S技术是地理信息系统（Geographic Information System，GIS）、遥感技术（Remote Sensing，RS）和全球定位系统（Global Position System，GPS）的统称[①]。近年来，3S技术在我国多个领域被应用及推广，尤其是在资源规划方面，该技术已被广泛应用。其中，地理信息系统（GIS）是一种特定的空间信息系统，通过对空间数据进行处理和分析，统一

①高妍.3S技术在土地资源管理中的应用与发展[J].华北自然资源，2021（02）：58-59.

管理土地资源规划数据,并进行分析和解读,将分析后的结果呈现给用户,以便于用户决策。遥感技术(RS)是利用探测器平台对地球表面实施感应监测和资源管理,具有观测范围广、周期短等特点,能够解决区域资源规划问题。全球定位系统(GPS)能够为区域资源规划提供准确的位置信息。三者的有机结合,构成了一个多功能的信息系统,该系统主要以获取、编辑处理和分析数据为主,将为乡村土地资源的有效规划提供更有力的技术支持。

二、在乡村土地资源规划中的应用现状及特点

(一)在土地资源规划中的应用现状

自然资源部党组会议精神中明确指出,运用部门职责和行业资源做好扶贫工作,务必做到扶贫项目优先安排,扶贫措施优先落实等[①]。为了顺利推进扶贫工作,必须对土地资源行之有效地规划与利用。传统的土地资源规划方式是采取传统测量手段进行测绘,测绘人员需要进行实地测量,才能绘制出相应的规划图,同时以文档形式对测绘数据进行存储。不仅工作任务量大、工作效率低、规划图精度低,而且在实际测量的过程中还极易产生数据偏差,浪费大量的人力和物力。如今面对大区域土地资源规划,传统测量技术很难高效、快速地将区域规划呈递给相关部门,难以满足社会的快速发展需要。2020年是脱贫攻坚的收官之年,土地资源规划部门更加需要明确区域的发展目标,并与区域的乡村振兴战略紧密结合,从而稳步推进土地资源规划的发展。

(二)3S技术在土地资源规划中的应用特点

航空摄影测量、空间大地测量的应用,拓宽了土地资源规划的广度,解除了传统测量受到地域、地形及地貌等因素的限制。因此,利用3S技术能够快速便捷地解决区域自然规划的问题,节省了大量的人力和物力。首先,3S集成技术为资源规划提供了动态监测方法:采用GPS能实时有效地快速获取空间位置信息,从而得到土地资源规划现状的相关数据[②];其次,借助RS能快速获取乡村土地的地理数据,寻找乡村土地资源规划的信息变化;最后,强大的GIS能够有效管理乡村土地资源规划数据,及时更新乡村土地资源规划动态数据,输出乡村土地资源规划成果。

一般来说,行业中的RS技术按照遥感器使用的平台可分为航天遥感技术、航空遥感技术、地面遥感技术。作为航空遥感技术的一种无人机摄影测量技术日常运用最为广泛,

①乔思伟.国土资源部党组传达中央扶贫开发工作会议精神 提出将脱贫攻坚列为部"十三五"重点工作[J].国土资源通讯,2015(23):4.

②顾育红.浅谈3S技术及其在土地管理中的应用现状与发展趋势[J].现代测绘,2012,35(03):62-64.

它能够将区域的地形、地貌等特征通过数字高程模型呈现出来，同时利用正射影像和模型数据快速地生成规划图[①]。另外，地理信息系统还能对前期摄影得到的测量数据、空间大地测量数据等进行分析与编辑，并将现阶段的数据进行存储，既能使规划部门清楚地了解现阶段资源规划发展的动态过程，也便于相关部门的查询和管理。从而更高效地针对区域自然规划进行管理和分析[②]。

由于我国地形复杂，国土资源分布不均匀，所以各地需要充分挖掘本区域的优势和特点，最大限度地发挥区域特色，才能使区域经济平衡发展。通过分析我国资源利用情况，可以发现国土资源规划存在的不足，因此在未来的发展中需要转变思路，利用新技术、新手段，补充短板，促进国土资源规划管理模式的转型，为资源规划管理提供一定的理论基础[③]。

当前，政府部门应深入研究分析各区域的发展趋势，通过资源规划部门之间的合作和交流，借助3S技术绘制区域未来的规划图。为此，规划部门借助GIS强大的功能，对获取的数据进行编辑、存储和管理[④]，根据不同部门的需求对数据进行空间查询和空间分析，满足用户的需求，将分析结果反馈给相关部门，即可清晰地发现区域规划的变化，进而对未来几年区域的变化情况进行预测，便于政府统筹安排、精准施策，促进区域的乡村振兴和快速发展。

综上所述，未来如若能科学、合理地制定资源规划政策，推进3S技术在乡村土地资源规划中的应用，不但能提高土地资源规划部门的工作效率，也能促进乡村振兴战略的实施。并且，随着现代社会信息技术的发展，智能化、数字化将会成为未来的发展趋势。因此，深入研究分析3S技术，依托乡村土地资源现状，能够服务于农业农村，更好地解决"三农"问题。

第四节　测绘地理信息技术在城市土地规划和管理中的应用

随着我国社会经济的不断发展，城乡一体化建设速度不断加快，美丽乡村建设工作过程中需要对交通建设、水利工程建设、能源基础设施建设等加以充分重视。有效结合我国红花岗区城市整体规划工作要点，在建设发展规模与用地布局方面存在明显的矛盾问题，

①郑期兼.无人机技术在测绘测量中的应用分析[J].科技与创新，2014（05）：40-41.
②呼铂.用空间规划保障乡村振兴[J].科技与创新，2018（11）：89-90.
③薛小洋.土地资源管理中3S技术的应用探讨[J].南方农业，2020（35）：191-192.
④杨香云.3S技术在城乡规划管理中的应用[J].科技资讯，2009（27）：125.

同时针对重点项目工程建设用地需求的估算量，以及城镇发展用地的总量预判程度的不足，建设施工区域受到规划管制问题相对比较明显，进而造成规划用地局部内容和战略性用地需求之间存在明显的差错，用地矛盾问题日渐凸显，甚至存在部分基础设施项目工程建设和涉农惠农项目之间无法共存的现象，在很大程度上影响了当地区域的经济快速向前发展。因此，为了有效解决这一问题，必须对该地区展开统筹整合工作，并对土地资源进行综合利用，大力开展城乡建设以及生态环境等各类空间管理与规划工作，进一步优化城镇内部的农业工业以及生态空间布局结构，划定生态保护红线、永久基本农田以及城镇开发边界三条重要的控制线，进一步加快建立起多规合一的发展蓝图和公共平台，确保过渡期的土地整体利用和规划工作得到全面落实。

一、项目区域规划工作原则和工作依据

（1）要有效做好空间协同用地总量控制，以及土地资源优化布局等各项工作，统筹整合主体功能区域实现城乡全面发展规划，保证土地资源的科学合理化应用，大力建设城乡基础设施项目，保证生态环境实现各类空间资源的合理划分。以红花岗区域土地资源的整体利用规划工作，有效调整各类管控工作内容，在土地资源规划管理工作中，尽可能避免和国土空间规划管理工作存在严重的矛盾和冲突问题，进一步强化当地区域的耕地保护工作，有效控制建设用地的整体规模始终保持相同，进一步优化建设用地布局结构，全面保障新型工业化和城镇化的用地工作要求，全面促进规划时期范围内建设用地规模的快速增长。

（2）全面遵守用地保护和生态保护红线，全面落实耕地保护工作，优先强化耕地质量和数量，通过进一步加强对优质耕地的保护工作，保证基础基本农田的保护面积，不低于上级下达的目标与任务，进一步提高土地资源的使用质量。对于建设用地资源不能占用生态红线防护区域范围内的土地资源，要尽可能避免让基本农田受到破坏，除非是国家建设的一些重点性工程。

（3）坚持土地资源，节约集约化应用。以科学发展观作为有效引导，科学合理地配置内部的各项土地资源，切实转变土地资源利用方式，逐步将外延扩展用地模式有效转化为内涵挖潜方式，严格控制土地利用增长量、盘活存量、增加流量，同时要进一步提高建设用地的整体使用效率，避免出现大量的土地资源浪费问题，要充分保证规划实施范围内城乡建设用地的发展规模符合工程项目的建设性要求，保证人均城镇工矿用地工作目标的全面实现。

二、测绘地理信息技术在土地规划中的作用

通过文献梳理和调查研究发现，当前测绘地理信息技术在土地规划中的作用主要有以

下几点。

（一）精确排查，利于了解土地资源状况

当前，城市土地用地呈现集约化、多元化的特点，城市建设进程较快，土地利用格局发生了较大变化。精准有效地摸清各地城市土地资源状况是首要任务，传统的土地调查方法大多依靠人力来完成，较为粗放，不适应集约化的需要，且精准度不够高。以3S集成技术、虚拟参考站等为代表的新型测绘技术能够快速、高效、精准地对区域土地资源状况进行摸底，并能快速成像，直观显示和动态监测，实现实时、精准了解区域土地资源状况。

（二）科学规划，利于实现土地资源价值

人多地少是我国土地资源的基本特征，而快速推进的城镇化建设对于土地的需求较高，因此科学合理的土地资源规划显得尤为重要。测绘地理信息技术的应用十分重要，测绘地理信息技术可以通过土地的区域位置、价值成分、布局情况等进行规划，通过测绘收集和处理土地信息、图像资料、数据等，进而通过测绘地理信息技术构建分析模型，建立土地资源分布模型，优化整合和科学设计，确保区域土地资源价值得到最大限度的利用。

（三）合理定界，利于促进土地精准勘察

在城市建设中，土地征收和规划利用的前提是土地勘测定界，合理确定土地利用范围，清晰界定土地位置。现代测绘地理信息技术依托GPS和PTK等技术手段实现精准定位，辅之以航拍等技术可以实现对土地范围的清晰界定，从而精确地获取土地特点、土地面积等情况，为后续的使用提供依据。

（四）依据执法，利于支持土地执法巡查

当前，在土地利用过程中还是存在违法占用耕地、未批先建、擅自变更土地性质等方面的违法违纪情况。而且，土地执法往往由于信息不对称导致发现难、处置难等问题。测绘地理信息技术能够较好地解决这一难题，一是可以精准摸排土地资源状况及使用情况，了解土地开发利用现状；二是可以通过GPS、RS、GIS等技术手段实现对土地的动态监测和巡查；三是可以通过信息技术手段留存相关数据、档案、监控过程，作为土地执法的有力依据。

三、测绘地理信息技术在城市土地规划与管理工作中的应用策略

有效结合本次研究工作中，红花岗区城市土地资源规划管理工作项目，通过测绘地理

信息技术的有效应用，可以进一步提高该地区土地资源规划和管理工作质量、效果。在独立的信息技术使用过程中，主要是基于3S技术的信息挖掘工作平台，针对土地资源规划管理工作，从这三项技术的应用方面开展相关土地规划管理工作，通过对地理信息测绘技术的工作原理以及具体的作用进行深入了解，全面提高城市土地规划和管理工作质量。

（一）遥感技术的使用

遥感技术在土地规划管理工作中所发挥出的作用优势非常明显，在实际工作当中主要作用是测量分析和判定，同时在地理信息测量工作中具有范围更大、成像速度更快等多方面优势，在信息的收集工作当中，整个测量工作不需要和目标物直接形成接触，即可实现对目标区域展开测量信息收集工作。在实时监控土地资源管控过程中发挥出的作用优势非常明显。在遥感技术的实际使用工作中，主要包含以下几个工作流程：首先，需要为其提供出相应的航片以及位置片等遥感信息，经过进一步处理工作之后，自行制作出比较抽象的4D产品，并将地图和专业图件之间进行有效转化。其次，针对土地资源的构成情况展开实时性监测以及动态监控工作，可以有效反映出撤回区域土地资源的环境动态变化情况。最后，通过使用遥感信息技术，可以有效传递出土地资源的环境信息情况，针对测绘区域的土地变化、空气污染情况以及气流变化等各种因素进行全面检测和分析。

遥感技术在土地规划管控工作中所发挥出的作用非常明显，主要表现在以下几个方面：

（1）遥感技术在使用工作当中可以实现，在较短的时间范围内有效获取测绘区域大量的土地资源信息，其中主要包含各种土地资源分布位置信息等。

（2）遥感技术和现代化计算机技术之间有效融合，可以以土地规划管理工作软件平台作为基础，充分发挥出遥感影像数据信息的工作优势，建立起更加科学完善的数据库条件，充分实现随时调取土地资源的规划管理工作信息，方便后续的土地资源管理以及提高土地资源的管控工作效率。

（二）GPS技术的应用

通过GPS技术的有效利用，主要的工作优势表现在可以为土地规划管理工作提供更加精确的空间信息内容，全球定位系统在实际应用工作当中，主要经历以下几个工作流程：

（1）通过使用全球定位系统，可以输出高精度的土地勘察工作信息。

（2）通过施工单位精准的载波相位分叉技术，可以实现对测绘区域的目标进行准确定位和划分。

（3）通过更加科学准确的信息测量以及定位技术的使用，可以实现对土地环境的有效测量和控制，整体的输出工作精确度相对较高，同时通过获取各个不同地理位置的相关信息，可以为土地规划工作提供出必要的支撑。

全球定位系统在实际应用工作中主要包含以下几个方面的工作优势：

（1）随着北斗系统的有效运用，可以进一步提升我国GPS定位系统。在测量工作过程中提高数据参数精确度，进而可以为土地资源的测绘和规划工作打下良好的基础。

（2）GPS相关测量设备体积更小，工作人员的携带更加简单，可以进一步提高土地测绘工作的便捷程度和稳定性。

（三）GIS技术的具体应用

GIS技术在实际应用过程中，可以先对测绘区域范围内的环境、空间条件特点展开全面信息收集和查询，以保证信息的实时性输入运算以及各种操作。在城市土地资源的规划和土地资源管控工作中，所发挥出的作用优势非常明显，更加偏向于动态化的查询功能。一方面，通过地理信息技术的有效应用，为我国土地信息相关数据储存和使用提供重要途径；另一方面，通过电力信息技术所具备的空间分析工作能力，以及对数据的科学快速计算能力，对该区域范围内的地理信息，展开更加专业和精确的测绘分析工作，为土地资源的整体规划工作提供必要的专业基础，全面实现规划决策参考工作。

地理信息系统在土地规划管控工作当中的应用效果非常明显，重点表现在以下几个方面：

（1）地理信息系统在实际应用过程中，土地资源的利用工作现状主要是以信息集成载体为主，将各种不同类型的土地资源信息根据不同的性质分类、划分，进一步提高土地资源信息的综合使用率，同时进一步提高各种资料信息的综合判断和分析工作质量。

（2）地理信息系统在实际工作过程中，主要是以计算机系统作为载体，有效建立起更加科学完善的土地规划信息数据库，帮助相关工作人员随时查阅各种不同类型土地信息内容，进一步提高城市内部土地资源管控和管理工作效率以及科学性。

（四）测绘地理信息技术的应用优势

（1）可以对规划管理区域的土地资源所有权以及使用权进行划分和明确，有效实现对目标区域土地资源的合理规划以及精确定位，充分保证不同区域土地资源的所有权和土地资源利用权的明确，避免出现土地资源划分纠纷问题。通过使用GIS技术可以有效实现对所涉及的地理信息数据展开综合分析和统计，结合土地调查工作实现对各项土地资源信息的综合管理，进一步推动我国对不动产信息的全面登记和管理工作。

（2）更加有利于土地资源的全面勘察。通过对信息技术的有效使用，使得传统的户外勘察工作量可以有效减少，同时可以实现土地资源规划工作，以及对各项土地信息变动问题进行实时性监控，有效避免出现土地利用信息误差问题，进一步加强土地资源的协调化使用。通过对信息技术的有效应用，保证土地资源勘测区域范围内的各项资源得以合理分配，从经济、人文、环境等多个不同角度，有效做好城市内部土地资源的整体规划和管理工作。

综上所述，在城市土地规划与管理工作中，通过测绘地理信息技术的应用效果非常明显，充分发挥出测绘地理信息技术的应用优势，可以有效保证城市内部土地资源的规划工作更加科学，加强资源的管控工作的全面落实，保证土地资源可以最大化利用，避免产生严重的土地资源浪费等方面问题。

四、完善测绘地理信息技术在土地规划和管理中应用的建议

（一）科学有序规划，注重先进技术使用

人地矛盾一直存在，如何高效地做好土地资源规划和管理，对于经济社会发展而言具有重大意义。土地资源规划和管理是一个复杂、系统、动态的过程。单纯依靠传统的方法效果不好，而测绘地理信息技术的发展则提供了较大便利。如GPS、GIS、RS等技术的发展可以较好地运用于土地资源规划和管理，帮助政府部门做好土地调查、规划设计、勘察、执法等。现代测绘地理信息技术为土地资源规划和管理提供了土地自然资源禀赋、经济社会发展背景等的监测依据，同时能够保障获取土地基础信息的准确性，并利用技术模型进行科学规划，为土地资源规划和管理实现了量化、持续和跟踪。

（二）持续合理投入，确保测绘地理信息技术的发展

当前，各地对测绘地理信息技术的重视程度不一，投入不一，导致有些地方发展较慢，严重制约了其应用推广。我们必须认识到，测绘地理信息技术对于地方经济发展而言，既是重要的推动力，又是新的增长点，其应用前景广阔，价值较大。为此，一是要加大财政投入，扶持测绘地理信息技术的发展。二是要加快产学研合作，促进测绘地理信息技术的实际应用，不能让成果躺在专利和论文上，要加快实现市场化，推进其在生产实践中的运用。三是要集聚人才，激发测绘地理信息技术发展的人才支撑。人才是产业发展的关键，更是技术转化的重要推动力，必须强化人才吸引、培养和使用机制，激发内生动力，夯实发展基础。

（三）精确动态管理，保障信息数据的实时共享

当前，土地资源规划和管理的难题是信息收集和处理，体现在信息不对称，特别是在传统的管理模式下。借助测绘地理信息技术，充分发展测绘大数据，建构从信息收集、处

理到共享的大数据平台，能够有效解决这一问题。因此必须高度重视测绘地理信息技术的发展，打破信息鸿沟，打通信息共享最后一公里，方能实现对土地资源规划和管理的精确化、动态化，保证信息技术的发展服务于土地资源规划和管理。

结束语

测绘技术在我国的发展已经有了多年的历史，在土地资源管理中的运用也有不短的时间。测绘技术的出现是人类科技史上的一个重大进步，它是在人们对客观条件有所了解的基础上，对相关信息进行准确的测量，从而获得地面建筑的一些分布信息，并利用这些信息对现阶段的城市规划等工作进行科学的安排。土地资源规划中测绘技术的应用路径如下。

（一）土地资源调查更新

在进行土地资源管理过程中，必须对土地资源进行调查与更新管理，这是整个管理工作最根本的依据，而土地资源的调查与更新必须依赖测绘技术才能够顺利地进行。这项工作对工作人员的专业技能有着较高的要求，需要掌握测绘的相关技术要求，同时也需要对规划、土地管理准则等内容有充分的了解。首先需要工作人员利用测绘技术，将实际的土地资源转换成虚拟的信息，再对相关的数据进行分析与处理，形成专业的图表等内容。

（二）土地资源规划设计

在土地规划过程中，需要搜集大量的数据，例如拟建地区的经济状况、基础设计、环境等内容，这些信息会对规划的结果产生重要的影响，因此数据的精准性非常重要，通过测绘技术的运用在短时间内获取最精准的信息，从而为规划提供更强有力的信息支持。

在我国现阶段的市场经济中，土地资源是一种非常重要的生产与生活资源，对经济发展有着重要的影响。在土地资源管理的实际过程中，我们需要利用测绘技术对拟开发地块的地理位置与周边环境进行测绘，了解其实际的经济价值，并进行合理的规划与设计。在土地资源的规划与设计中，主要采用的测绘技术是遥感技术。

（三）土地监管

在对土地资源利用活动进行监管时，运用测绘技术中的卫星影像技术，能帮助政府土地监管部门及时掌握关于违法用地的信息，极大地提高了政府土地监管部门的依法处理违法用地行为的工作效率。此外，土地测绘还是衡量最初的土地规划落实情况的主要技术手段，而且在工程的竣工验收环节也需要测绘数据的支持。

综上所述，测绘技术在土地资源管理工作中有着重要的作用，同时也具有较高的实践价值。在本书中，笔者结合实际工作经验分析了当前阶段测绘技术在土地资源管理中的具体应用，希望能对我国现阶段的土地资源管理工作有所帮助。

参考文献

[1] 赵晴，孙中伟，陆璐，等.基于国土空间规划的土地资源课程内容重构与实现[J].教育教学论坛，2022（01）：140-143.

[2] 冀增胜.浅析"3S"技术在土地资源管理中的应用进展[J].农业开发与装备，2022（01）：106-108.

[3] 郭良栋.新时期土地资源管理与土地利用综合规划浅析[J].华北自然资源，2022（01）：136-138.

[4] 王葵，宋建中.测绘技术在土地资源管理中的应用研究[J].科技创新与应用，2022，12（10）：193-196.

[5] 李泰.国土空间规划背景下农村土地规划对策浅析[J].农村实用技术，2022（03）：10-11.

[6] 于乃清，沙小暄.土地测绘与管理中的信息测绘技术应用浅析[J].科教导刊，2022（08）：50-52.

[7] 董昊锦.数字化测绘技术在地质工程测量中的应用[J].科技创新与应用，2022，12（13）：185-188.

[8] 李彤.工程测绘中RTK测量技术特点与具体应用研究[J].居舍，2022（18）：62-65.

[9] 弓文军.测绘新技术在测绘工程测量中的应用分析[J].居舍，2022（18）：54-57.

[10] 周兵.土地测绘与土地开发管理研究[J].房地产世界，2022（12）：155-157.

[11] 王文婷.土地资源信息管理中的土地规划利用研究[J].农业科技与信息，2020（24）：43-44.

[12] 田松，何勇.当前城市土地资源规划的现状、问题和改善策略探讨[J].四川水泥，2021（02）：300-301.

[13] 李锁刚.浅析3S技术在土地资源管理中的应用[J].南方农机，2021，52（12）：108-109+114.

[14] 董昊锦.无人机测绘技术在城市建筑工程测量中的应用[J].科技创新与应用，2021，11（19）：167-169.

[15] 孔繁慧.数字化测绘技术在工程测量中的应用[J].黑龙江科学，2022，13（14）：109-111.

[16] 李彦含.当前国土资源规划中面临的困境与对策[J].工程技术研究，2022，7（10）：

236–238.

[17] 张华.新形势下我国土地资源管理现存问题和解决对策分析[J].住宅与房地产，2022（13）：149–151.

[18] 刘薇.试论土地资源管理的信息化建设[J].农业工程技术，2022，42（18）：55–56.

[19] 孟松蕊.城乡规划和土地规划管理的相关性分析[J].地产，2019（23）：35–36.

[20] 曹颖.新时期土地资源管理与土地利用综合规划[J].农家参谋，2020（06）：1.

[21] 阮达飞.土地资源管理与土地规划研究[J].科技创新与应用，2020（30）：187–188.

[22] 万义有，李勇华，胡国红.数字化地形图图面整饰探讨[J].科技与生活，2010（17）：139.

[23] 毛亚纯，徐忠印，田永纯，等.测绘学基础与数字化成图[M].沈阳：东北大学出版社，2002：31.

[24] 鲁维嘉，鲁维迅.浅谈地形图测量技术[J].科学技术创新，2013（08）：32.

[25] 柳菲.数字地形测图在城市测量中的应用研究[J].工程建设与设计，2018（24）：47–48.

[26] 刘贺明.探讨数字化地形测量方法及步骤[J].现代测绘，2011，34（02）：42–43.

[27] 刘伟.数字化土地测量技术分析[J].科技创新与应用，2015（04）：192.

[28] 刘贺明.探讨数字化地形测量方法及步骤[J].现代测绘，2011，34（02）：42–43.

[29] 耿丽艳，马雪琴，赵永兰.机载雷达技术在中小比例尺地形图中的应用研究[J].测绘与空间地理信息，2013，36（07）：180–181+183+189.

[30] 尤雅丽.城市地形图数据库建设的思考[J].中国科技博览，2012（02）：5+8.

[31] 孟立秋.地图学的恒常性和易变性[J].测绘学报，2017，46（10）：1637–1644.

[32] 张寅宝，张欣.浅析泛在网络下的地图制作与使用[J].地理空间信息，2017，15（2）：65–68.

[33] 钱凌韬，韩强雷，邓毅博.二维码在地图制图中的应用探究[J].测绘与空间地理信息，2015，38（5）：40–42.

[34] 娄倩.电子地图动态注记的设计与实现[D].郑州：解放军信息工程大学，2007.

[35] 郑俊涛.数字地形图质量检查系统的研究与实现[D].赣州：江西理工大学，2011.

[36] 刘洪.数字地形图高程点与等高线错误自动查找方法的研究[D].桂林：桂林理工大学，2016：21.

[37] 吴艳兰.地貌三维综合的地图代数模型和方法研究[D].武汉：武汉大学，2004.

[38] 刘敏.基于三维道格拉斯改进算法的地貌自动综合研究[D].西安：西北大学，2007.

[39] 刘独华.城市车辆监控调度管理系统的研究[D].武汉：武汉理工大学，2003.

[40] 周夷.数字地形图绘制与应用的程序设计和开发[D].西安：西安科技大学，2009.

[41] 姜良恒.乡级土地利用总体规划图集的设计与制作探讨[D].重庆：西南大学，2012.

[42] 王家耀.关于信息时代地图学的再思考[J].测绘科学技术学报，2013，30（04）：329–333.

[43] 廖克.中国地图学发展的回顾与展望[J].测绘学报，2017，46（10）：1517–1525.

[44] 刘建刚，赵春江，杨贵军，等.无人机遥感解析田间作物表型信息研究进展[J].农业工程学报，2016，32（24）：98–106.

[45] 龚循强，鲁铁定，刘星雷，等.高分辨率遥感图像场景线性回归分类[J].东华理工大学学报（自然科学版），2019，42（04）：425–432.

[46] 马维峰，王晓蕊，高松峰，等.基于服务器动态缓存和Ajax技术的WebGIS开发[J].测绘科学，2008，33（05）：204–205.

[47] 江贵平，秦文健，周寿军，等.医学图像分割及其发展现状[J].计算机学报，2015，38（06）：1222–1242.

[48] 王春波.基于面向对象的城市道路高分辨率遥感影像提取方法研究[J].黑龙江科技信息，2017（12）：131.

[49] 孙海燕.遥感图像城市道路细节特征提取及增强方法研究[J].工业技术创新，2018，05（01）：87–90.

[50] 顾育红.浅谈3S技术及其在土地管理中的应用现状与发展趋势[J].现代测绘，2012，35（03）：62–64.

[51] 郑期兼.无人机技术在测绘测量中的应用分析[J].科技与创新，2014（05）：40–41.

[52] 呼铂.用空间规划保障乡村振兴[J].科技与创新，2018（11）：89–90.

[53] 薛小洋.土地资源管理中3S技术的应用探讨[J].南方农业，2020（35）：191–192.

[54] 杨香云.3S技术在城乡规划管理中的应用[J].科技资讯，2009（27）：125.

[55] 顾世峰，顾建冬.数字地形测绘在地形图测绘工作中的作用[J].科技创新与应用，2014（22）：296.

[56] 武芳，巩现勇，杜佳威.地图制图综合回顾与前望[J].测绘学报，2017，46（10）：1645–1664.

[57] 刘海砚.地图制图与空间数据生产一体化理论和技术的研究[D].郑州：解放军信息工程大学，2002.

[58] 申全.数字地形图等高线错误自动判定方法研究[D].阜新：辽宁工程技术大学，2014.

[59] 李华蓉.GIS建设中地理空间数据的保障研究[D].重庆：重庆大学，2004.

[60] 万刚，曹雪峰，李科，等.地理空间信息网格理论与技术[M].北京：测绘出版社，2016.

[61] 顾孝烈，鲍峰，程效军.测量学[M].上海：同济大学出版社，2006.

[62] 潘正风，程效军，王腾军，等.数字测图原理与方法[M].武汉：武汉大学出版社，2004.